U0395836

上海出版资金项目
Shanghai Publishing Funds

"科创之光"书系 (第一辑)

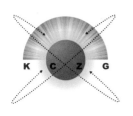

干细胞
再生医学的微光

上海科学院　上海产业技术研究院 组编

［德］Jürgen Hescheler（于尔根·海席勒）主编

王志敏　黄　薇　刘　文

上海科学普及出版社

图书在版编目（CIP）数据

干细胞：再生医学的微光 /〔德〕Jürgen Hescheler（于尔根·海席勒）
等主编 . —上海：上海科学普及出版社，2018.1（2018.10 重印）
（"科创之光"书系 . 第一辑 / 上海科学院，上海产业技术研究院组编）
ISBN 978-7-5427-7080-6

Ⅰ . ①干… Ⅱ . ①于… Ⅲ . ①干细胞 Ⅳ . ①Q24

中国版本图书馆 CIP 数据核字（2017）第274409号

书系策划　张建德
责任编辑　王佩英
美术编辑　赵　斌
技术编辑　葛乃文

"科创之光"书系（第一辑）

干细胞
——再生医学的微光

上海科学院　上海产业技术研究院　组编
〔德〕Jürgen Hescheler（于尔根·海席勒）　主编
王志敏　黄　薇　刘　文

上海科学普及出版社出版发行
（上海中山北路832号　邮政编码200070）

http://www.pspsh.com

各地新华书店经销　苏州越洋印刷有限公司印刷
开本 787×1092　1/16　印张 6.5　字数 88 000
2018年1月第1版　2018年10月第2次印刷

ISBN 978-7-5427-7080-6　定价：28.00元

本书如有缺页、错装或坏损等严重质量问题
请向出版社联系调换

《"科创之光"书系(第一辑)》编委会

本书编委会

主　　编：［德］Jürgen Hescheler（于尔根·海席勒）
　　　　　王志敏　黄　薇　刘　文

编　　委：［德］Jürgen Hescheler（于尔根·海席勒）
　　　　　王志敏　黄　薇　刘　文　虞修简
　　　　　裴　菲　吴蓓蓓

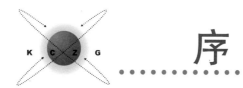

序

　　"苟日新，日日新，又日新。"这一简洁隽永的古语，展现了中华民族创新思想的源泉和精髓，揭示了中华民族不断追求创新的精神内涵，历久弥新。

　　站在 21 世纪新起点上的上海，肩负着深化改革、攻坚克难、不断推进社会主义现代化国际大都市建设的历史重任，承担着"加快向具有全球影响力的科技创新中心进军"的艰巨任务，比任何时候都需要创新尤其是科技创新的支撑。上海"十三五"规划纲要提出，到 2020 年，基本形成符合创新规律的制度环境，基本形成科技创新中心的支撑体系，基本形成"大众创业、万众创新"的发展格局。从而让"海纳百川、追求卓越、开明睿智、大气谦和"的城市精神得到全面弘扬；让尊重知识、崇尚科学、勇于创新的社会风尚进一步发扬光大。

　　2016 年 5 月 30 日，习近平总书记在"科技三会"上的讲话指出："科技创新、科学普及是实现创新发展的两翼，要把科学普及放在与科技创新同等重要的位置。没有全民科学素质普遍提高，就难以建立起宏大的高素质创新大军，难以实现科技成果快速转化。"习近平总书记的重要讲话精神对于推动我国科学普及事业的发展，意义十分重大。培养大众的创新意识，让科技创新的理念根植人心，普遍提高公众的科学素养，特别是培养和提高青少年科学素养，尤为重要。当前，科学技术发展日新月异，业已渗透到经济社会发展的各个领域，成为引领经济社会发展的强大引擎。同时，它又与人们的生活息息相关，极大地影响和改变着我们的生活和工作方式，体现出强烈的时代性特征。传播普及科学思想和最新科技成果是我们每一个科技人义不容辞的责任。《"科创之光"书系》的创意由此而萌发。

《"科创之光"书系》由上海科学院、上海产业技术研究院组织相关领域的专家学者组成作者队伍编写而成。本书系选取具有中国乃至国际最新和热点的科技项目与最新研究成果，以国际科技发展的视野，阐述相关技术、学科或项目的历史起源、发展现状和未来展望。书系注重科技前瞻性，文字内容突出科普性，以图文并茂的形式将深奥的最新科技创新成果浅显易懂地介绍给广大读者特别是青少年，引导和培养他们爱科学和探索科技新知识的兴趣，彰显科技创新给人类带来的福祉，为所有愿意探究、立志创新的读者提供有益的帮助。

愿"科创之光"照亮每一个热爱科学的人，砥砺他们奋勇攀登科学的高峰！

上海科学院院长、上海产业技术研究院院长

钮晓鸣

前　言

　　近几年，"干细胞"逐渐成为一个热点，被频频提起，许多人对它寄予厚望。那么，怎样用心地写一本让大众更正确地认识和理解干细胞的读物呢？笔者的内心也是极为复杂的。首先，要秉承务实的态度，不要夸大干细胞技术的能量，因为任何科学新发现，都只是漫长的科学历史中的一小步。其次，要尽量用易于理解的语言甚至示例叙述，让更多的人能够了解它。因为本书的目的不是给业内人士提供专业索引和查询，而是要让更多的普通人正确理解干细胞这一新事物、新技术。

　　干细胞可以与应用领域的医学联系，在各种疾病治疗方面发挥作用，其基本原理是再生医学的理念。这种因为干细胞技术发展而带来的新方法，可针对性地治疗局部器官或组织的病变或损伤，是继药物治疗和手术治疗后又一种新的医疗途径，已成为再生医学领域的核心理念。例如，采用注射疗法或者组织工程疗法，利用多能干细胞诱导而成的特定组织细胞取代死亡细胞、修复坏损组织。目前主要针对神经中枢疾病、骨骼和软骨修复、心血管疾病及糖尿病等。在终端需求上，干细胞推动着医学领域的新疗法，用新兴的手段治愈、缓解困扰人类的疾病。

任何科学的进步都是阶梯式的，科学的发现本身也可以作为科学技术手段，来促进和推动新的科技发展，干细胞本身也是这样的一个存在。在现阶段，干细胞更多扮演的是一个在科技发展链条中的新的环节，可以将这个链条的链接上限大大提升到更高。这种本身作为研究工具推动整体学科发展的功能，是干细胞很大的应用领域。例如可用干细胞构筑疾病模型或者药筛模型，辅助药物研发或者遗传性疾病病理研究，利用干细胞分化得来的特定功能细胞，针对药效、不良反应、最佳浓度范畴等参数进行药物测试或药物筛选，取代活体实验或动物实验，以简化研究过程，节约时间和成本。

正如爱因斯坦所指出的："科学的不朽荣誉，在于它通过对人类心灵的作用，克服了人们在自己面前和在自然界面前的不安全感"。

干细胞在我们时代的意义，就是通过人类自己与人类最终梦想的直接联系，使梦想成真，让人们逐步战胜之前认为无法战胜的疾病，同时又在科学阶梯中，辅助着其他科学和技术的进步和发展，共同让科技达到更高的水平而克服人类的不安全感。

本书首先从干细胞的定义出发，带大家认识干细胞的不同种类。然后进入应用领域，以不同的人体器官组织为出发点，来举例展现干细胞在大家比较熟悉的器官或组织单位上的应用。再从干细胞产业发展以及所遇到的医学伦理层面来指出干细胞技术的发展以及需要着重考虑的问题。最后一起畅想未来，举例干细胞作为工具手段在未来在药物研发的过程中发挥的重要作用，以及用数据领略在科技革命带来的产业大潮中，干细胞行业的潜力。

编　者
2017 年 10 月

目　录

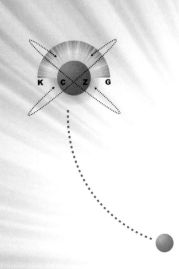

引言：青春永驻与长生不老

　　几千年来，人类从未停止过对于青春永驻、长生不老梦想的追求，也不乏文字记载的不同时期的相关传说，尤其在15～17世纪地理大发现期间，有不少欧洲探险家、航海家就是满怀找寻不老泉的热情踏上征程的。

　　1546年，德国画家卢卡斯·克拉纳赫（Lucas Cranach）画出了一幅展现人类这一梦想的画作——青春的泉水。当一群体弱色衰的老妇人进入这一泉水之中，淌过去，从右边登上岸时已经恢复了青春的模样。

德国画家卢卡斯·克拉纳赫的画作——青春的泉水

　　谁不想着长生不老？当年秦始皇不也是有这一样的的梦想吗？当他统一中国后，秦始皇开始求仙问道，梦想着有朝一日长生不老，为此，他派遣徐福去蓬莱仙岛求药，不料徐福一去不复返，彻底断了秦始皇的成仙梦。

　　那么，这等返老还童的神奇有可能实现吗？答案是：有可能！干细胞技术就是打开这扇门的钥匙！

徐福求药图

人的生命是由最薄弱的人体环节决定的。比如，很多人死于心脏病，可这些病人的其他器官健康无损，可生命就此终结了，何等可惜！如何修复人体器官和组织，怎么让衰老的组织重新焕发新生，是人类永恒的追求。相比之下，一辆崭新的汽车，第一年可能其轮胎就受损了，可是这辆汽车并没有报废，换个轮胎就可以了。为什么人不可以换器官呢？答案还是：有可能！干细胞研究的目的就是为了解决其中的根本原理，将梦想变成现实，造福人类。

自从 1999 年、2000 年干细胞研究进展连续被美国《科学》杂志评为当年世界十大科学成就之首起，干细胞技术就成了社会各界普遍关注的热门议题。不过，临床上对干细胞应用其实始于更早的 20 世纪 50 年代。当然，如今的干细胞技术与那个时期已不可同日而语，随着各种颠覆性技术的陆续突破，干细胞领域的变化可谓翻天覆地，基于干细胞可以诱导分化出一个多彩的细胞世界。未来十年，业内普遍预计，干细胞产业即将迎来一个全新的发展时期，一个大规模深度产业化的"Step to the Clinic"（意为"一步到临床"）时期。

 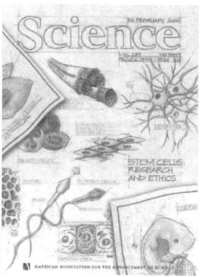

干细胞于 1999 年和 2000 年两度荣获《科学》杂志当年世界十大科学成就之首

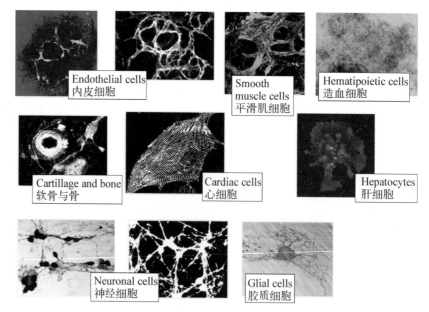

Endothelial cells
内皮细胞

Smooth
muscle cells
平滑肌细胞

Hematipoietic cells
造血细胞

Cartillage and bone
软骨与骨

Cardiac cells
心细胞

Hepatocytes
肝细胞

Neuronal cells
神经细胞

Glial cells
胶质细胞

基于干细胞形成的多彩的细胞世界

　　医学发展至今，可以说是经历了四代，即：1.0 的巫医巫术时代，2.0 的经验医学时代，3.0 的临床实验时代，到目前的医学 4.0 时代，提出了精准医学、个性化医学概念，基于基因组进行疾病治疗。干细胞研究被视为 21 世纪最具价值的研究之一。事实上，以干细胞治疗为核心的再生医学，正成为继药物治疗、手术治疗后的另一种疾病治疗途径，引领着新的医学革命。造血干细胞移植已成为白血病、淋巴瘤、多发性骨髓瘤等血液肿瘤的一种成熟、常规的治疗手段。同时干细胞在许多疾病，例如心梗、心衰、糖尿病、帕金森病等疾病的治疗中已初显身手，具有广阔的前景。干细胞研究为科研、医学临床、工业应用，尤其是制药业、化妆品业和食品工业，提供了无穷的发展空间。

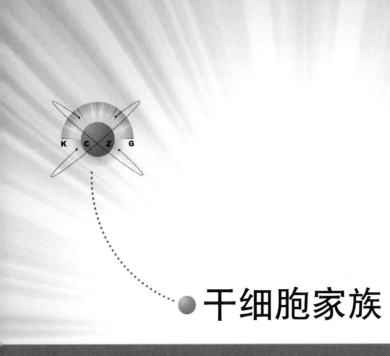

干细胞家族

什么是干细胞

大家好，干细胞来了。你说错啦，记住啦，它可不是干（gān）细胞，它是干（gàn）细胞。干细胞（stem cell）的"干"字来自英文"stem"，意为"树"、"干"和"起源"。换一种说法，干细胞就像树的树干，有了它就可以长出树杈、树叶，并开花、结果。医学上大家喜欢叫它"万用细胞"。干细胞是一个庞大的家族，最大的特点大概就是长生不老了。还有大家要记住它的两个重要特征：一是有高度的自我更新或自我复制能力（它可以由一个干细胞分裂为两个细胞，其中一个细胞仍然保持干细胞的一切生物特性，也就是说和自己一模一样，从而保持身体内干细胞数量相对稳定；而另一个细胞则进一步增殖分化为前体细胞和成熟细胞，这又称为自稳定性（self-maintenance）；二是能够分化成多种类型的成熟细胞。我们可以通过下表来看看干细胞的基本分类和特点。

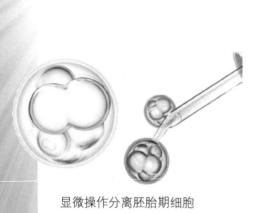

显微操作分离胚胎期细胞

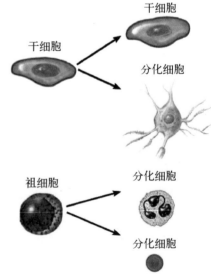

维持自稳态的干细胞不对称分裂和对称分裂

干细胞分类及特点

干细胞类别	来源	分 化 潜 能	特　　点
胚胎干细胞	胚胎	具有全能性	涉及伦理问题，受争议
成体干细胞	组织	分化潜能相对较弱，通常只能定向分化成特定的组织和器官	基本不涉及伦理问题，来源较丰富
iPS 细胞	成熟细胞	全能性	无需破坏人类胚胎，也无需收集成体干细胞

干细胞的兄弟姐妹们

　　干细胞的家族真的非常大，很多人都不知道该如何记住它的兄弟姐妹们。不要说大家不清楚，干细胞自己有时候也搞不清。为了方便，告诉大家几个小秘密吧。

　　根据发育的潜能，干细胞可以分为全能性干细胞、多能性干细胞、单能性干细胞。

全能干细胞（Totipotent Stem Cells）

　　全能干细胞是老大。为啥要叫全能干细胞呢？因为它具有形

受精卵　　2细胞期　　4细胞期　　8细胞期　　囊胚腔　　囊胚期

全能性干细胞示意图

成完整个体的分化潜能，也就是说有了它，就可能发育出一个完整的生物或者人。当然最出名的全能干细胞就是受精卵啦。实际上从受精卵到囊胚期，全能干细胞都有这个能力的。

多能干细胞（Pluripotent Stem Cells）

可不要瞧不起多能干细胞，虽然它不能发育成一个完整的个体，但是它可以变成很多细胞的，比如多能干细胞的小弟——造血干细胞就是典型的例子，它可分化出至少多种血细胞，但不能分化出造血系统以外的其他细胞。

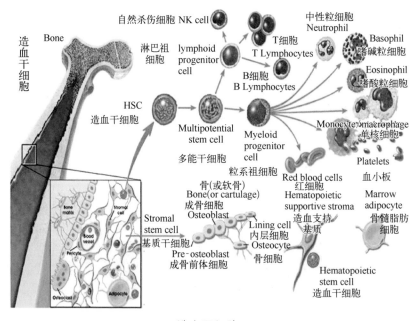

造血干细胞

单能干细胞（Unipotent Stem Cell）

单能干细胞的能力确实受到了限制，只能向单一方向分化，产生一种或几种密切相关类型的细胞，比如神经干细胞、心肌干细胞。

根据细胞的发育阶段，干细胞分类就很简单了，只有胚胎干细胞和成体干细胞。

胚胎干细胞（Embryonic Stem Cell）

胚胎干细胞是早期胚胎（原肠胚期之前）或原始性腺中分离出来的一类细胞，它具有体外培养、无限增殖、自我更新和多向分化的特性。胚胎干细胞能被诱导分化成三胚层的任意细胞，但不具有形成胚外组织（如胎盘）的能力。它的本领比孙悟空的七十二变还厉害，几乎能分化成所有的细胞类型，也是真正意义上的"万能细胞"。

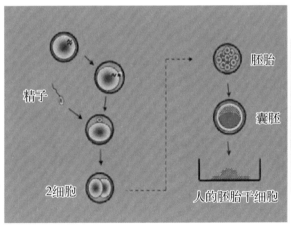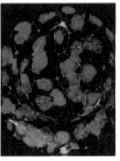

人的胚胎干细胞示意图及由滋养外胚层细胞包围的鼠胚胎干细胞
[图片来源：尼康微观世界显微摄影
（Nikon's Small World Photomicrography）大赛]

美国科学家马里奥·卡佩奇和奥利弗·史密西斯及英国科学家马丁·埃文斯。因为"在涉及胚胎干细胞和哺乳动物 DNA 重组方面的一系列突破性发现"而获得 2007 年度诺贝尔生理学或医学奖。

获得 2007 年诺贝尔生理学或医学奖的三位科学家（左：奥利弗·史密西斯；中：马丁·埃文斯；右：马里奥·卡佩奇）

小贴士

由于三位 2007 年诺贝尔生理学或医学奖得主的发现，产生了一种名为"小鼠中的基因打靶"的技术。这项技术极为有用，目前已经被广泛应用到几乎所有生物医学领域——从基础研究到新疗法的开发。

成体干细胞（Adult Stem Cell）

为何叫成体干细胞呢？因为它是存在于一种已经分化组织中的未分化细胞，它能在特定条件下会形成新的功能细胞，从而使组织和器官保持生长与衰退的动态平衡。单成体干细胞家族就有数不清的成员，目前已知的就有造血干细胞、间充质干细胞、神经干细胞、表皮干细胞、骨骼肌干细胞、脂肪干细胞、胰干细胞、眼角膜干细胞、肝脏干细胞以及肠上皮干细胞，等等。它们具有有限的自我更新和分化潜力。

下面一定得介绍一下间充质干细胞（Mesenchymal Stem/Stem Cell，MSC）。间充质干细胞是对中胚层来源的、具有多方向分化

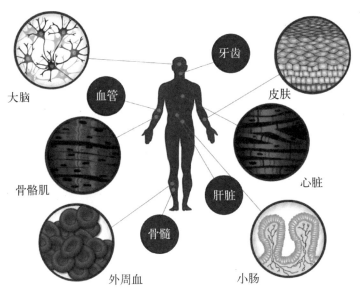

无处不在的成体干细胞

潜能的一类多能型干细胞的统称。它们存在于多种组织（如骨髓、脐带血和脐带组织、胎盘组织、脂肪组织等）。不过，间充质干细胞最初在骨髓中被发现，属于非终末分化细胞，它既有间质细胞，又有内皮细胞及上皮细胞的特征。因其具有多向分化潜能、造血支持和促进干细胞植入、免疫调控和自我复制等特点而日益受到研究者的

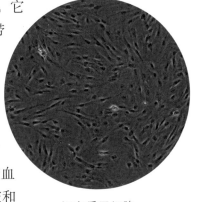

间充质干细胞

关注。它能在体内或体外特定的诱导条件下，分化为脂肪、骨、软骨、肌肉、肌腱、韧带、神经、肝、心肌、内皮等多种组织细胞。

　　它拥有其他干细胞所没有的优点：不论是自体还是同种异源的间充质干细胞，一般都不会引起宿主的免疫排斥反应。由于间充质干细胞具备的这种免疫学特性，使其在自身免疫性疾病以及

各种替代治疗等方面具有广阔的临床应用前景。通过自体移植可以重建组织器官的结构和功能，并且可避免免疫排斥反应。除了低免疫源性和低致瘤性，MSC 独有向损伤组织定向迁移并根据具体环境来调节免疫反应的能力，令它成为干细胞家族中的"明星细胞"。这也是间充质干细胞移植治疗逐渐成为干细胞治疗临床应用研究主要方向的重要原因。

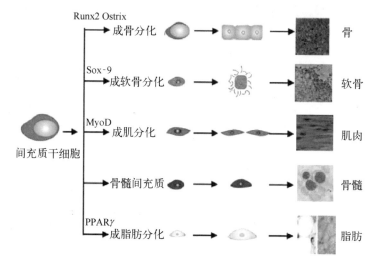

间充质干细胞的体外诱导分化

最出名的"大表哥"诱导多能干细胞（Induced Pluripotent Stem Cell，iPS）。

多年前科学家就可以用胚胎干细胞分化出了有着明显的自发性活动特性的其他各类细胞，包括表皮细胞、肌肉细胞、血液细胞、新细胞、干细胞、神经元细胞等。现在，无需人体胚胎，只需一个简单的手术取得人体皮肤，培养皮肤细胞筛选出其中的成纤维细胞，再通过诱导和重编程就能得到多功能干细胞。此类诱导性多能干细胞，同样能分化成心肌细胞，以及中胚层、内胚层、外胚层，所有其他各类细胞，用于基础和应用研究。相对于以往，现在操作流程不断优化、不断进步，效率也越来越高。

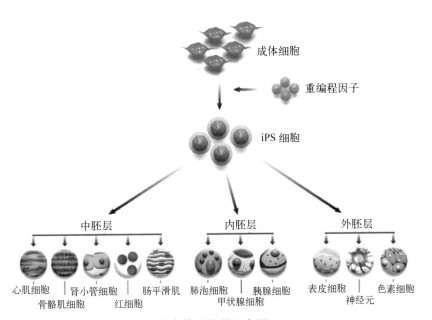

神奇的重编程示意图

（图片来源：Sigma-aldrich）

　　iPS 细胞是由一些多能遗传基因导入皮肤等细胞中制造而成。最初是日本科学家山中伸弥（Shinya Yamanaka）于 2006 年利用病毒载体将四个转录因子（Oct4，Sox2，Klf4 和 c-Myc）的组合转入分化的体细胞中，使其重编程而得到的类似胚胎干细胞的一种细胞类型，它具有"万能性"，和胚胎干细胞一样，几乎能分化成所有的细胞类型。随后世界各地科学家陆续发现采用其他方

英国科学家约翰·格登（左）与日本科学家山中伸弥（右）获得 2012 年诺贝尔生理学或医学奖

15

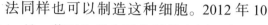

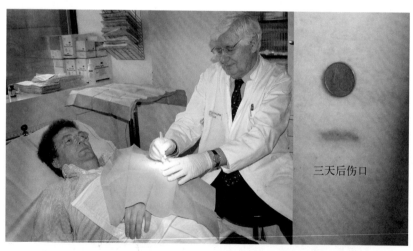

中国科学家利用 iPS 细胞培育出的明星小鼠——"小小"（3 个月大）

法同样也可以制造这种细胞。2012 年 10 月，英国和日本两位科学家因"发现成熟细胞可以被重新编程为多功能的干细胞（即诱导多能干细胞）"而摘取 2012 年度诺贝尔生理学或医学奖，从而让"大表哥"iPS 家喻户晓。中国科学家首次用 iPS 细胞克隆出完整的活体实验鼠——"小小"，让 iPS 大表哥更是第一次证明了 iPS 细胞与胚胎干细胞一样具有全能性。

如果自己来尝试一下会如何呢？让我们大胆地来尝试一下，用自己的皮肤来诱导 iPS 并形成心肌细胞。取一些自己的"皮毛"，使用体细胞重编技术以及定向分化技术，得到与自己跳动心脏中心肌细胞一样的细胞。这是一个很神奇和美妙的过程。

三天后伤口

本书主编之一于尔根·海席勒用自己皮肤诱导 iPS

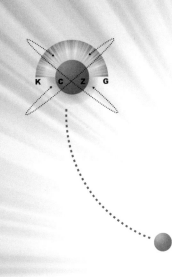

人类的福音：
干细胞的应用

干细胞所具有的高度自我更新、增殖和多向分化潜能、可植入性和具备重建能力等特征，为人类面临的很多医学难题带来了终极解决的曙光。理论上，任何涉及丧失正常细胞的疾病，都可以通过移植由胚胎干细胞分化而来的特异组织细胞来治疗。

近年来，随着干细胞技术在基础研究领域陆续取得颠覆性突破，以及发达国家在监管政策上的宽松，全球干细胞相关临床研究迅速升温。美国国立卫生研究院管理的临床研究登记系统（clinicaltrials.gov）数据显示，截至 2017 年 6 月 6 日，全球登记在案的干细胞临床研究共有 6113 项，其中 601 项已经有研究结果（美国完成 524 项）。从这些临床研究的登记时间来看，2000年以前总计有 250 项，此后逐年上升。

全球登记在案的干细胞临床研究数量表（截至 2017-6-6）

国家和地区	数量（项）
全　球	6 113
非　洲	41
中美洲	49
东　亚	673
日　本	45
欧　洲	1 404
中　东	263
北　美	3 376
加拿大	278
墨西哥	34
美　国	3 242
北　亚	84
大洋洲	135
南美洲	91
南　亚	90
东南亚	79

全球已有研究结果的干细胞临床研究数量表（截至 2017-6-6）

国家和地区	数量（项）
全　球	601
非　洲	2
中美洲	3
东　亚	21
日　本	10
欧　洲	54
中　东	14
北　美	527
加拿大	40
美　国	524
北　亚	13
大洋洲	20
南美洲	10
南　亚	4
东南亚	5

clinicaltrials 数据库数据显示，科学家在临床研究中尝试用干细胞治疗的疾病多达上百种，除血液病以外，干细胞进行临床研究的疾病类型主要集中在神经系统疾病、心脏疾病、免疫系统疾病、糖尿病、关节炎、外周血管病、肝病和肺病等领域。

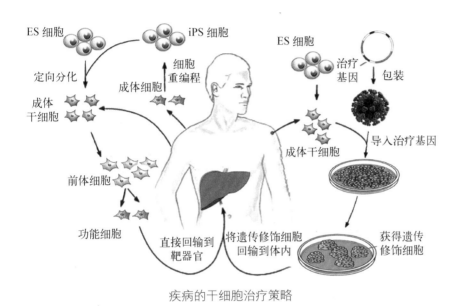

疾病的干细胞治疗策略

心脏出毛病啦

认识心脏

人类在漫长久远的进化史中，成为了现在地球的统治生物。而我们人体的组织结构构造，也因此极为复杂，并且适应于这个环境生态。人体内总共有 200 多种不同类型的细胞，形成特定的组织和器官，而心脏就是其中之一。心脏在人体器官中占据着最重要的位置，在中国传统文化和医学中，心脏在五脏六腑中占首要地位。以往，人们以为人的思想意念还有各种情绪活动等均被称为"心理活动"，而像"怦然心动""心烦意乱""赏心悦目"

漫画中的桃心形状的心脏

等，都表现出"心"被认为是核心的思考器官。随着科学技术进步和发展，我们现在知道这些被理解为"心"的活动实际上在人的神经系统大脑中完成，但是"心"这个器官的重要地位，也是不言而喻的。

漫画中桃心形状大致描绘出了心脏的外部形态。心脏的解剖学与生理学是什么样子的呢？人体的循环系统中，血液的流动起到了很关键的作用。而血液在血管中的流通，犹如水在水管中流动一样，而这种流动如果要持续稳定的话——血液的流动恰巧就是需要持续稳定的一个过程，则必须要一个提供压力的泵系统，并且持久稳定，而心脏就是这个循环系统中推

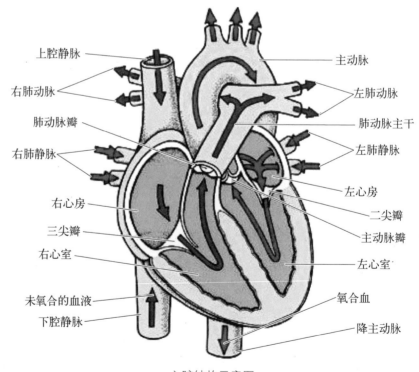

心脏结构示意图

动血液循环的器官。不过心脏可比发动机复杂多啦。在人体这样一个复杂的机体里面保持持久稳定动力输出，心脏真可谓是超能的动力输出设备。心脏每分钟跳动 60 ～ 100 次，具有持续以及稳定性的输出。心脏有四个腔，可以形象地理解为一个心的形状正好按照上下左右四个部分来划分，划分成左上、左下、右上、右下的四个腔，而上面的命名为心房，下面的命名为心室，心脏的左右两侧由间隔隔开，互不相通，同一侧的心房与心室之间有瓣膜，称为房室瓣，这些瓣膜使血液只能由心房流入心室的单向流通，而不能倒流。

我们来看看心脏的发育过程与成熟心脏中细胞组成吧。我们先看看生物体的胚胎发育，比如由一个受精卵发育成为一个完整的人体，是一个复杂而漫长的细胞分裂以及分化的过程。受精卵这一枚小小的细胞，先是卵裂成为两个一样的细胞，然后继续从两个变成四个，以此类推，经过几次几何级的分裂，形成桑椹状的实心胚，进而继续细胞分裂形成中空的囊胚。这一过程后，伴随着囊胚着床等，这些由受精卵分裂而成的细胞，会逐渐分化成为三层，而这个胚层的形成，是后来分化成为各种不同组织器官的基础。而心脏来源于三个胚层的中胚层。

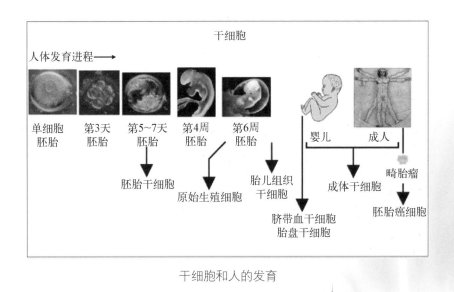

干细胞和人的发育

心脏类疾病及干细胞治疗

目前，全球心脏病发病率日益上升，每年与心脏疾病相关的死亡人数高达2 000万。心脏类的疾病有多种，冠心病、心梗等是常见的心脏类疾病，其病理病因已经被研究揭示。心脏病有先天性的和后天性的。先天性的心脏病是因为携带有疾病基因或是染色体缺陷而导致的，比例很低，另外就是母亲孕期服药或者其他环境因子带来的婴儿先天性心脏病。后天性心脏病则有多种，包括由高血压引起的，风湿热感染后引起的，气管炎引起的，血管病变引起的，新陈代谢或者激素分泌异常导致的，以及这些原因带来的心室肥大、心率不齐等临床症状。

心衰，心力衰竭的简称，是心脏的泵血力量不够带来的临床病征，其原因是由于心脏的收缩和舒张功能障碍。这样会带来一系列循环系统障碍，例如血管血液淤积。几乎所有的心血管疾病都会造成心力衰竭的发生。全世界每年在心衰治疗上的花费高达1 200亿美元，5年死亡率约50%。

心梗，心梗发生都是急性的，心电图显示心律失常以及心律不齐，并伴随心绞痛。这是一种死亡风险极高的疾病。

眼下，对于患者心脏损伤的最佳治疗方法之一是器官移植。很多患者为了移植心脏不得不进行漫长而希望渺茫的等待。而且即使患者接受并移植新的心脏，也很容易出现致命的并发症。理想的解决办法是用某种方法修复受损组织，但这些修复材料随着时间的推移也有可能损坏，从而堵塞动脉导致心脏部分缺血缺氧。多年来，科学家们一直在寻找最佳的修复材料。当前，干细胞再

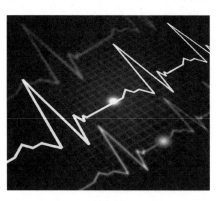

心电图

生治疗的主要目的在于增加标准治疗基础上的疗效。为此，干细胞治疗集中在两大领域：急性心肌梗死的心脏保护治疗和慢性缺血性心脏病的心脏恢复治疗。心脏保护治疗旨在限制心肌缺血损伤，而对于心衰患者，干细胞再生治疗旨在保留正常心肌功能。目前，干细胞移植治疗心血管疾病正经历着从基础研究到临床应用的跨越。近年来，国际上几个相对规模较大的临床研究陆续公布结果，最初的临床试验效果令人备受鼓舞，欧洲开展的大多数研究也表明骨髓来源单个核干细胞（BMMNCs）对急性心梗和充血性心衰有益。但在过去的几年，美国进行的大型临床研究结果表明 BMMNCs 对急性心梗或充血性心衰均无益。

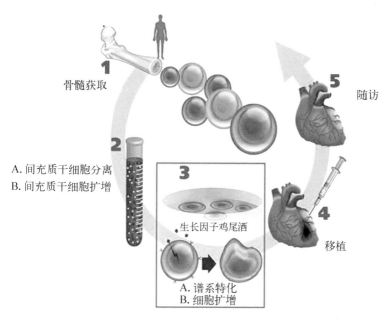

干细胞治疗心力衰竭示意图
（图片来源：Cardio3 Science 公司）

可见，所谓的"第一代"细胞治疗，即谱系非选择性 BMMNCs 细胞治疗存在局限性，主要包括细胞类型不明确，细胞处理过程多样性以及自体干细胞功能变异性等。将已损的组织中注入有功能性的细胞补充或者用其他物理性的移植方法定位在心脏组织

上，来弥补心脏疾病造成的功能不足或缺陷，或许是"第二代"心血管疾病干细胞治疗的发展方向。III期临床试验的开展将进一步证实细胞再生医疗的价值，并成功解决和克服将其过渡到临床实践的障碍。

如何才能获得功能性细胞呢？我们可以来尝试一下心肌细胞的分化。我们知道心脏的主要细胞单元为心肌细胞，包含了心房肌、心室肌和窦房结细胞这些种类。在诱导的多能干细胞（iPS）还没有问世之前，大家就尝试用胚胎干细胞进行心肌细胞的体外分化。而心肌细胞的分化，也是基于胚胎发育的原理而来，从具有高分化潜能的细胞——胚胎干细胞出发，首先通过细胞内的信号通路，将胚胎干细胞的细胞命运路径规划好——胚胎干细胞大部分变成了中胚层的细胞，然后中胚层的细胞经过细胞内信号通路的调控，进一步向心肌细胞分化。到心肌细胞这一步，心肌细胞表现出自发的搏动这种表型，但是通过电生理检测，与从心脏组织中获取的心肌细胞对比，心电生理的某些特性还是不完全吻合。这是因为从干细胞来源的心肌细胞还需要一个成熟化的过程，虽然已经能够出现自发搏动的表型，但是其电生理的特性还要经过这个成熟化的过程后才能够像从组织获取的心肌细胞一样具有心电生理特性。

心肌细胞有一种特性，它本身基本不自我增殖，不同于其他自我更新能力很快的细胞。在人的心脏中，只有极少的心肌祖细胞，心肌细胞每年的更新率是极低的，所以，从组织提取心肌细胞出来并不能自发的增殖产生更多的心肌细胞，所以这种心肌细胞分化是很关键的，能够从另外的来源获取这种稀有细胞种类。

从最初的胚胎干细胞到心肌细胞的研究，由于胚胎干细胞本身的局限性以及伦理争议，所以其实验范畴有限。然而，诱导的多能干细胞的出现，让分化的起点多了一种非常好的可能性。并且在近些年的研究中，用iPS细胞诱导的心肌细胞这一路径已经很成功，分化效率也一步步被优化提高，而这种心肌细胞已经可以初步用于一些实验研究领域，并且在纯度以及同质性和结构等问题进一步解决后，被医学界寄予厚望，用于临床移植领域，挽救更多病人。

2017年特拉维夫大学赛克勒医学院教授乔纳森·莱奥尔（Jonathan Leor）发现源自患病心脏的组织干细胞并不会促进受损的心脏愈合，而且这些干细胞受到炎性环境的影响，还会产生炎症，这些受影响的干细胞甚至可能加剧已患病心肌受到的损伤。因此，异体或经过基因编辑的干细胞治疗将成为首选。

基于干细胞的心脏类疾病模型

人类对于生命的探索从未停止，而疾病这一威胁人类生命和生活质量的"恶魔"，人类要与它长期作战，直至最后战胜这个"恶魔"。因此，针对疾病的研究是很重要和关键的，把疾病作为研究对象，主要是明确疾病的病理学原理，指出治愈疾病的治疗方法或者药物使用方案，为新药研发提供依据。

因此，研究疾病也有建立模型这样的研究手段，简称为疾病模型，是用于研究疾病的工具。一般来说，最早是用动物来建立人类的疾病模型，提供给生理学以及病理学研究，并能够延伸性地指出研究治疗方案和对应的新药开发。动物模型的建立，要选取模式动物，一般选取实验室常用的小动物，例如小白鼠，或者大动物，例如猴子、猪等。建立这些动物的疾病模型，大部分是通过诱发性的动物模型，也就是通过技术手段人为诱导出动物具有人类疾病特征，用以构造疾病模型。与此对立的是自发性的动物疾病模型，也就是基因突变异常通过定向培育而留下来的疾病模型，显然这样建立模型的时间成本更高和操作难度更大。

具体到心脏类的疾病上，可以用某些化学药物让小鼠的心跳速率加快而模拟有这类问题的人类疾病。这样用动物构建的疾病模型，有一个很大的问题就在于人和其他动物物种的种间差异。

人的心率是 60 ～ 100 次 / 分钟，而鼠类的心率远快于这个数值，因此，模型构建之后，对于很多的后续使用，是受到限制的。例如对于控制心率的药物，即便能够确定该药物具有控制心率的效果，但是对于具体浓度的确定，参照这种模型显然是不可靠的。因此，基于干细胞技术构建细胞培养体系下的人的功能性细胞而成的疾病模型，确实是一件非常有意义的事情。

首先干细胞携带某些疾病基因，在其分化成为功能性细胞后，功能性细胞表现出这种疾病特征，例如心脏细胞的先天性缺陷、节律的问题，就可以用带有这种问题的患者体细胞经过干细胞的过程最终变成心肌细胞，这种心肌细胞也具有这些遗传带来的特点，而这样构建的疾病模型，可以通过心肌细胞的心电生理检测，很好地把这个特征通过检测手段模拟出来。并且通过一些药物作用，可以测出药物对心率的改变，或者对健康心肌细胞模拟出心率不正常的状态，进一步开展其他研究。

以上表述很好地诠释了用干细胞的方法构建疾病模型的原理和思路，当然在具体操作上有很多不同的手段来构建模型，其使用原则还是让构建模型的相似性、可重复性、适用性和可靠性都达到比较好的标准。我们来看看一例经典的基于干细胞的心脏类疾病模型吧。

肥厚型心肌病（HCM）是一种原因不明的心肌疾病，患者负责心脏跳动的心肌细胞会出现异常肥厚症状。这种病症多存在于不少遗传性疾病中，包括 CFC 综合征（cardiofaciocutaneous syndrome）、努南综合征（患者常面部五官异常、身材矮小、骨骼畸形、先天心脏缺陷）。目前，对于这类心肌肥厚的遗传病患者并没有有效的治疗手段。其中，CFC 综合征属于罕见病，由基因 BRAF 突变所致，全世界患病人数不到 300 人。明迪奇（Mindich）儿童健康和发展研究所主任、儿科教授、西奈山医学院遗传学家布鲁斯 D. 盖尔布（BruceD.Gelb）博士带领团队选取 3 名 CFC 患者，采集他们的皮肤细胞，通过重编程生产 iPS，随后诱导干细胞分化成心肌细胞。结果发现，构成疾病模型的成纤

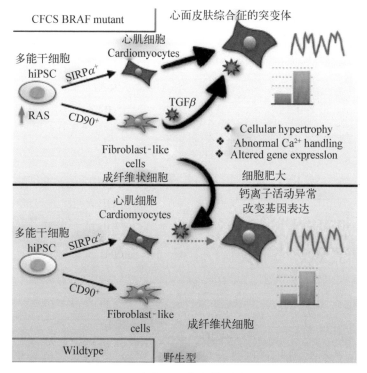

BRAF 突变 iPS 疾病模型建立

维细胞之间互作，会引发一些变化。成纤维细胞会过度表达一种生长因子 TGF-β ，这种生子因子会反过来导致心肌细胞肥大或者过度增长。

药物筛选中对于心脏毒性的测试

在人类与疾病的斗争过程中，药物这种工具发挥了重要作用。药物的最终目的为了预防和治疗疾病，药品形式有多种。但是所有的药物，在结束研发走向临床之前，都需要检测其不良反应，也就是一些临床前的测试，检测药物的一些毒性作用。而药物的毒性检测，在以往一般用动物实验来测试，这也正是动物模型方法应用比较普遍和广泛的原因。然而，和之前所述的原因一样，种间差异总能使这种检测的可靠性被质疑。与疾病模型的思路一

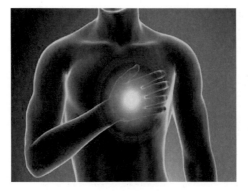

药物心脏毒性测试

致，用细胞构建人体本身的细胞培养下的组织或者初组织模型，能够完全契合人的生理学特性，在对药物的测试上，结果更具有可信度。

药物毒性的测试，在人体组织器官中，最重要的反映在心脏的安全性和肝脏的代谢功用结果上。新药在进入临床前，必须经过动物的在体的和离体的心脏安全性评估。例如，其中一项就是对于药物延长 QT 间期以及矫正的 QT 间期导致心律失常风险的评估。这种在动物身上测试的数据，具有一定的可靠性，但是不如在人本身的细胞建立的模型之下得到的数据更具有可以定量的可能性的效果。因此，用这种方法建立的药物心脏毒性测试方法，比传统的动物实验方法更为精确可靠，同时又避免了动物的培养时间以及伦理问题等，所以在新一代药物筛选和临床前测试面临的问题下，用这种干细胞的方法提供药物测试和筛选的工具，更便捷，也更具有可靠性，能够大大缩短药物的研发周期。

未来用生物 3D 打印来完成人工心脏

3D 打印技术是 2000 年左右被提出的，而之后"器官的 3D 打印"是生物 3D 打印领域第一个被提出的，也是生物 3D 打印的最主要应用。生物 3D 打印是 3D 打印技术在生物或者医学领域的应用，主要是用于构建人体器官、细胞、组织模型，等等。根据对打印的对象的应用需要，选择使用的打印材料，也就是 3D 打印机里面的"墨水"。例如用于研究骨头的形态结构，这种打印用一般的材料打印出骨骼外形即可满足应用者的需求。又如需要模拟肝脏的生理功能的 3D 打印，则需要对应的生物材料构造并且配合细胞来进行打印。但是利用复杂的，例如细胞作为生物3D打印的材料的这一思路和操作，目前在构想和初步的实施阶段，要打印出和活体器官完全一样效果的器官组

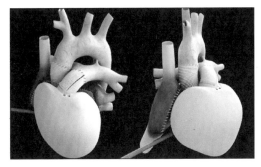

心脏 3D 打印

织，还需要解决不少的问题。

在之前提到的心肌细胞分化中，解决了心肌细胞这种基本不自我增殖的细胞类型的来源。而人的心脏解剖学把心肌细胞如何分布组成一个完整的心脏也基本解释清楚了，3D 打印技术在未来又能够根据非常具体的位置置入不同的材料，那么，心脏这种并非由单一的细胞组成的器官，则能够利用这一种技术实现在体外的完全一样的构造，并且实现功能上的一致性的模拟。首先，心室肌细胞和心房肌细胞作为心脏组织的主体会分布在不同的空间，并且心脏中并不是只有心肌细胞，同时有成纤维细胞以及胶

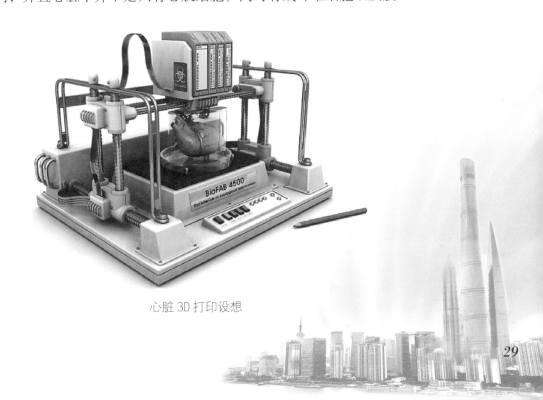

心脏 3D 打印设想

质等的存在。这些东西用复杂的结合方式排列在一起，构成了一个复杂的器官。而这些排列方式也给 3D 打印带来了难题，毕竟用均一材质打印更容易在技术上实现。

对于这种复杂的器官组织的 3D 打印，如果实现了用细胞作为主体打印物质并且做好了细胞之间结合分布的问题，实现完全一样的离体活器官打印的梦想就可能实现。

可怕的血液病，快来救我

认识一下血液病

血液病是指原发于造血系统的疾病，或影响造血系统伴发血液异常改变，以贫血、出血、发热为特征的疾病。造血系统包括血液、骨髓单核一巨噬细胞系统和淋巴组织，凡涉及造血系统病理、生理，并以其为主要表现的疾病，都属于血液病范畴。目前，引起血液病的因素很多，诸如化学因素、物理因素、生物因素、遗传、免疫、污染等，都可以成为血液病发病的诱因或直接原因。由于这些原因很多是近几十年现代工业的产物，从而使血液病的发病率有逐年增高的趋势，可以说，血液病是一种现代病。我们可以将血液病分成两类：（1）血液系统恶性肿瘤：慢

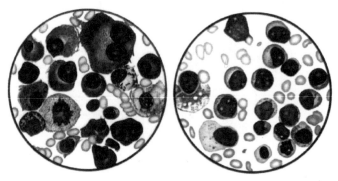

血液病示意图（左：多发性骨髓瘤骨髓象，右：急性粒细胞白血病骨髓象）

性粒细胞白血病、急性髓细胞白血病、急性淋巴细胞白血病、非霍奇金淋巴瘤、霍奇金淋巴瘤、多发性骨髓瘤、骨髓增生异常综合征等；（2）血液系统非恶性肿瘤：再生障碍性贫血、范可尼贫血、地中海贫血、镰状细胞贫血、骨髓纤维化、重型阵发性睡眠性血红蛋白尿、无巨核细胞性血小板减少症等。

造血干细胞移植和系统重建

造血干细胞移植（HSCT）通过大剂量放化疗预处理，清除受者体内的肿瘤或异常细胞，再将自体或异体造血干细胞移植给受者，从而重建受者的正常造血及免疫系统。造血干细胞移植迄今仍然是一种高风险治疗方法，目前主要用于恶性血液病的治疗，也试用于非恶性疾病和非血液系统疾病，如重症难治自身免疫性疾病和实体瘤等。造血干细胞移植曾是白血病、骨髓瘤等恶性血液病有效乃至唯一的根治手段。尽管随着医疗科技的进步，血液病整体诊疗水平已有了很大的提高，但造血干细胞移植仍是恶性血液病获得高根治率的重要方法之一。

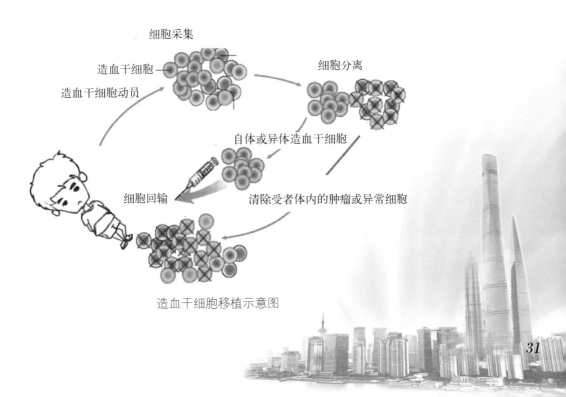

造血干细胞移植示意图

造血干细胞移植分类

　　造血干细胞分类并不复杂，按照采集造血干细胞的来源不同分为：骨髓移植、脐血移植、外周血造血干细胞移植等。按照供体与受体的关系分为：自体骨髓移植 / 脐血移植 / 外周血造血干细胞移植、异体骨髓移植 / 脐血移植 / 外周血造血干细胞移植。异体移植又称异基因移植，当供者是同卵双生供者时，又称同基因移植。

CMDP 的图标

　　什么是 HLA？它在造血干细胞移植中的作用是什么？HLA 即人类白细胞抗原，存在于人体的各种有核细胞表面。它是人体生物学"身份证"，由父母遗传，能识别"自己"和"非已"，从而保持个体完整性。因而 HLA 在造血干细胞移植的成败中起着重要作用，造血干细胞移植要求捐献者和接受移植者 HLA 配型。从理论上讲，父母和子女之间均为 HLA 半相合或单倍体相合，同卵（同基因）双生兄弟姐妹为 100%，非同卵（异基因）双生或亲生父母兄弟姐妹是 1/4。人类非血缘关系的 HLA 型别中，相合几率是四百分之一到万分之一，在较为罕见的 HLA 型别中，相合几率只有几十万分之一。目前 HLA 配型在同胞之间 HLA 全相合为首选。

　　根据供者与受者 HLA 配型相合程度，异体骨髓移植 / 脐血移植 / 外周血造血干细胞移植分为：HLA 全相合移植、不全相合移植、单倍体相合移植；根据供者与受者的血缘关系分为：血缘相关移植、非血缘移植即骨髓库来源供者；根据移

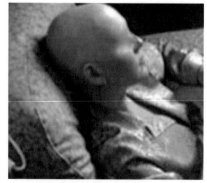

接受骨髓移植的患者

植前的预处理方案强度可分为：清髓性造血干细胞移植和非清髓性造血干细胞移植（减低预处理剂量的造血干细胞移植）。

　　由于独生子女家庭的普遍性，高相合率人群减少，今后移植主要在非血缘关系供者中寻找相合者。来自北京大学血液病研究所、苏州大学附属第一医院、南方医科大学等处的研究人员发表了骨髓移植供体选择的鉴定标准相关文章，通过分析上千个病例样品，挑战了 HLA 全合同胞始终作为首选造血干细胞供者的经典法则。这项研究通过 1199 例连续病例，建立以供受者年龄、性别、血型相合为核心的积分体系，证明该供者选择体系而非经典的人类白细胞抗原（HLA）决定移植预后，挑战了 HLA 全合同胞始终作为首选造血干细胞供者的经典法则。亲属之间不完全相合（半相合）也可以选择，在无关人群之间，HLA 相合的比例很低，通常数千分子一到数万分子一，需要建立供者 HLA 资料库，在大量的供者中去寻找。

谁来救救我的骨头

大家来认识一下骨头

　　骨骼，俗称骨头，是组成脊椎动物内骨骼的坚硬器官，由活细胞和矿物质（主要是钙和磷）混合构成，正是这些矿物质使骨头具有坚实的物性。骨骼的主要功能是运动、支持和保护身体，制造红血球和白血球，以及储藏矿物质。骨骼由不同的形状组成，例如臂骨是长骨，腕骨是短骨，胸骨和颅骨是扁骨，椎骨是不规则骨。其复杂的内在和外在结构，使得骨骼在重量较轻的同时还能保持足够的硬度。

骨头

骨头数目有多少

骨头数目会变？中国人外国人骨头不一样多？这是真的吗？不会吧！人类初生婴儿全身的骨头总数达到了305块。在胎儿时期，骨头主要有两种形成方式，其中颅顶的骨头是在结缔组织膜里开始生长的，其他骨间大多始于"雏型"软骨。雏型软骨虽然比较柔软，但与真骨相似，并且会快速生长，最终逐渐被真骨替代。随着年龄的增长，有些骨头会逐渐联结、融成一体，数量逐步减少。到了儿童时期，一般人类个体的全身骨头总数将会减少到大约217～218块。长骨的替代过程是从骨干中心和骨的两端开始，最终在骨干和两端之间只留下一层薄薄的软骨，称为生长板。生长板不断形成新的软骨，软骨随后又被真骨代替，于是骨头得以生长。一旦生长板不再形成软骨，骨头也就停止生长。中国和日本成人竟然不是有206块骨？原来中国人和日本人因为第五趾骨只有2节，因此只有204块骨。这是不是非常有意思？

骨是由有机物和无机物组成的，其有机物主要是蛋白质，使其具有一定的韧度，而无机物的主要成分是钙质和磷质使骨具有一定的硬度。人在不同年龄，骨的有机物与无机物的比例也不同。儿童时期骨的有机物的含量比无机物多，因此柔韧度及可塑性比较高，而老年人的骨，无机物的含量比有机物为多，因此他们骨的硬度比较高，易折断。

骨主要由骨质、骨髓和骨膜三部分构成，其中含有丰富的血管和神经组织。长骨的两端是呈窝状的骨松质，中部的是致密坚硬的骨密质，骨中央是骨髓腔，骨髓腔及骨松质的缝隙里含有骨髓。儿童的骨髓腔有造血功能，但随着年龄的增长，逐渐失去造血功能，但长骨两端和扁骨的骨松质内，终生保持着具有造血功能的红骨髓。骨膜是覆盖在骨表面的结缔组织膜，含有丰富的血管和神经，能营养骨质。另外，骨膜内还含有骨细胞，能增生骨层，并能使受损的骨组织愈合和再生。骨组织作为一个很复杂的组织，发挥的作用也不仅限于支撑人体，因为其中骨髓的存在，有了造血功能，而同时骨组织也发挥着储存矿物质的贮藏功能。当然最基础和核心的还是骨组织的支撑功能，相伴的就是形成了骨架保护内脏的功能，并且通过各种关节器官带来运动的功能。

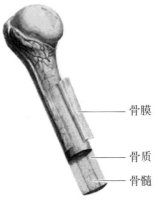

骨膜

骨质

骨髓

骨的结构示意图

骨骼的疾病及干细胞治疗

我国已步入人口老龄化，骨质疏松、骨性关节病等与骨骼相关疾病的发病率处于上升的趋势，发展新的治疗手段及治疗方法对该类疾病的防治具有重大意义。以往的传统治疗手段中，当骨或者一些相关的组织、器官发生伤残或者功能障碍的时候，必须通过一系列的药物治疗或者一些移植手段来恢复其结构和功能。但是单纯的药物治疗很难实现大块组织或者器官的再生，因此治疗效果有限；而组织和器官的移植，虽然能达到比较好的治疗效果，但是组织来源的问题一直没有得到很好的解决。例如，骨质疏松症，经常是一个全身的、系统性的质量下降，因此从患者身上去收集足够量的健康骨质来进行移植是不可能实现的，而同种异体的移植方法又面临着供者的数量不足以及移植以后强烈的免疫排异反应。

基于此，通过自体细胞实现再生医学在骨骼疾病治疗上面受到越来越多的专家的重视。其中通过干细胞移植来治疗骨质疏松症一直是骨再生医学中的研究热点。骨质疏松是以骨量减少、骨组织里的显微结构发生退行性改变，致使骨强度下降、脆性增强、

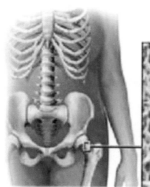
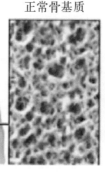

正常骨基质 　　　骨质疏松

骨质疏松

骨折危险性增高的一种全身代谢性骨病。在临床上主要表现为腰背疼痛和病理性骨折，主要发生在中老年人，尤其是绝经后的妇女人群中，其发生率高达 60% 以上。2002 年，市冈（Ichioka）等研究发现，将同种异体间的间充质干细胞于骨髓腔注射移植后，实验组的 SAMP6 小鼠属快速老化模型小鼠（senescence accelerated mouse，SAM）的血液淋巴系统将会被供体细胞替换，全身的骨骼骨小梁密度增加，骨矿物质密度和健康小鼠相当，骨吸收水平降低，体内的骨重塑调节激素和细胞因子含量回归到正常水平，纠正了实验鼠的骨质疏松的情况。目前，可以应用于骨再生治疗中的干细胞有胚胎干细胞，诱导多功能干细胞，以及成体干细胞，因此如何选取最合适的种子细胞进行相关研究有重大的意义。

脆骨病，医学名称为成骨不全症（osteogenesis imperfecta），是一种少见的先天遗传性骨骼发育障碍性疾病，主要表型为 I 型胶原合成障碍，发病率约为万分之一，全世界大约有 500 万患者，目前对这种疾病主要采取预防骨折等对症治疗方法，并无有效的治疗方案。来自美国宾州州立大学医学院的研究人员发现直接将骨髓间充质干细胞和作为细胞外基质的 I 型胶原混合后注射到患有成骨不全症的小鼠（OIM）股骨的骨髓腔中，骨髓充质质干细胞分化成为成骨细胞和骨细胞并在体内合成高密度新骨，显著改

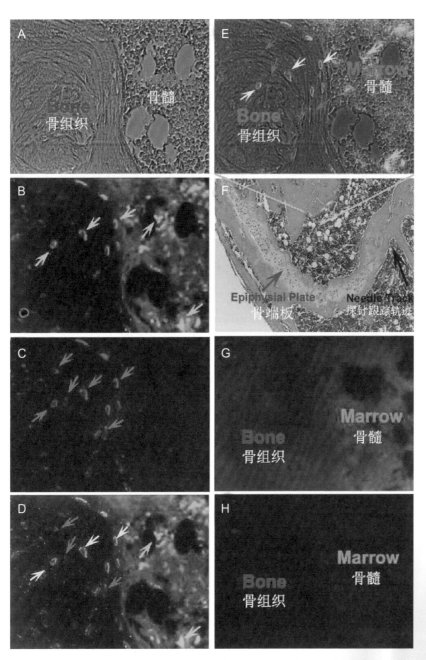

间充质干细胞移植到 OIM 小鼠的股骨 6 周后免疫荧光染色

善了小鼠长骨的强度。研究人员从正常小鼠分离了骨髓干细胞并标记了 GFP 绿色荧光蛋白。这样就能够追踪骨髓间质干细胞在体内的分布和变化，并且评价对新骨形成的影响和机理。这项研究发现并提示着：（1）间充质干细胞移植到 OIM 小鼠的股骨中，在两周后就可以直接参与新骨的形成，在 6 周后明显改善新骨生成，提高长骨的强度和密度；（2）I 型胶原联合骨髓间充质干细胞可以进一步显著增加新骨的形成；（3）移植后间充质干细胞不仅仅直接参与新骨形成，而且可能通过旁分泌效应分泌骨相关的因子刺激内源性的干细胞迁移和分化，达到治疗成骨不全症的目的。

类风湿性关节炎是一种非特异性炎症的多发性和对称性的关节炎。类风湿关节炎在我国的发病率为 0.32% ～ 0.34%，是造成我国人群丧失劳动力与致残的主要病因之一。目前治疗类风湿性关节炎的方法均有其局限性。最新研究表明，其发病与免疫机制有关，以血管炎和滑膜炎为基本病理特征，随着病情的发展，继而以滑膜增殖和赘生、关节软骨及软骨下骨侵蚀为主要病理特征，最终导致关节强直畸形和功能丧失。间充质干细胞在体外可被诱导分化为骨、软骨、肌肉等组织细胞，可被用于骨及软骨的修复。传统的类风湿性关节炎的治疗方法中，最权威的是"金字塔"治疗方案，即对类风湿性关节炎的患者依次选用非甾体类抗

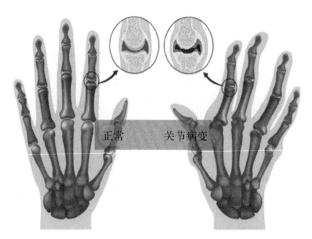

正常　　　关节病变

关节炎

炎药、缓解病情的抗风湿药以及类固醇激素。其他一些治疗方法还包括生物制剂与手术治疗等。然而，目前这些治疗均有其局限性，如非甾体类抗炎药是非特异性对症治疗药物且需长期服用，而应用这些药物可造成消化道出血、肝肾损害等不良反应。免疫抑制剂具有较大的不良反应，包括肝损害、胃肠道反应、骨髓抑制等。有研究推测，间充质干细胞（MSC）可通过细胞及体液免疫调节的方式阻断类风湿性关节炎的发病，其在治疗相关疾病时，安全性高，不良反应小。首先，间充质干细胞对非特异性和特异性 T 细胞的增生均具有明显的调节作用，而且不依赖于主要组织相容性复合物。拉玛沙米（Ramasamy）等研究发现，间充质干细胞抑制 T 细胞增殖呈剂量依赖性。在混合淋巴细胞反应中，MSC 能抑制 T 淋巴细胞的增殖，这种抑制效应随着 MSC 数量的增加而逐渐加大，而且该抑制作用可由同种异体 MSC 所调节。另一方面，MSC 也通过影响树突状细胞的功能来发挥免疫调节作用，MSC 通过下调树突状细胞的共刺激分子的表面表达来抑制单核细胞来源的髓样树突状细胞的成熟。MSC 亦能影响 B 细胞的功能与增殖。科尔乔内（Corcione）等将人体的 MSC 与 B 细胞共培养，发现 MSC 能抑制 B 细胞的增殖，且呈剂量依赖性，当 B 细胞与 MSC 的比例达 1∶1 时，该抑制作用最强。另外，B 细胞的分化、抗体产生以及趋化游走也受到影响。由于 MSC 具有免疫调节功能并可抑制多种免疫细胞的功能，MSC 可用于治疗包括 RA 在内的多种自体免疫性疾病。此外，对膝关节损伤的动物模型研究证明，关节内注射 MSC 可以被募集至损伤部位并参与损伤的软骨、韧带以及其他组织的修复。小林（Kobayashi）等的研究表明，将磁性标志的 MSC 注入实验性髌骨软骨缺损的动物模型膝关节内，磁性标志的 MSC 聚集在骨软骨缺损部位，提示关节内注射 MSC 可用于治疗骨关节炎或创伤造成的软骨缺损。而美津浓（Mizuno）等的研究表明，将滑膜来源的 MSC 注入实验性半月板损伤的大鼠膝关节内，MSC 能够黏附在损伤部位并分化为软骨细胞。

骨质组织再生

一种低廉方便的方法制造纯种的成骨细胞，促使 iPS 分化成为任何一种类型的细胞并不简单，干细胞的直接分化就好比遵循一种复杂过程，其中包含了多种组分和步骤；而科学家们面对的另外一种挑战则是如何制造出不能产生肿瘤的器官或组织。非常神奇，通过给 iPS "喂食"天然分子腺苷酸，就可以使其再生成为骨质组织。一项刊登在 Science Advances 上的研究报告中，来自加利福尼亚大学的研究人员通过研究发现了这种简便且有效的方法，单一分子竟然可以指导干细胞的命运，而且并不需要制造由小分子、生长因子或其他混合物组成的混合制剂。研究者通过研究发现，他们可以通过向培养基中添加腺苷酸来控制人类诱导多能干细胞分化成为功能性的成骨细胞，这就好比机体中的活体骨质细胞一样，产生的成骨细胞就可以构建含有血管的骨质组织，当将这些新生的骨质组织移植到骨质缺陷的小鼠机体中时，成骨细胞就可以在不产生任何肿瘤的情况下形成新生的骨组织。

我不是精神病，神经细胞出问题啦

神经病和精神病的区别

大家可不要总是搞混了呀！神经病和精神病是两回事！英国著名的物理学家史蒂芬·霍金得的"肌肉萎缩性侧索硬化病"，是一种运动神经元疾病，我们可不能把它称作精神病。我们经常说某个人神经病、神经质来形容其行为方式怪诞，但实

际上这里是把两个概念混淆了。精神病
（psychosis）指严重的心理障碍，患
者的认知、情感、意志、动作行
为等心理活动均可出现持久、明
显的异常，不能正常地学习、工
作、生活，动作，行为难以被一
般人理解，在病态心理的支配下，
甚至有自杀或攻击、伤害他人的动
作行为。神经病，科学的定义是特指
周围神经疾病，而并不是用来形容人
具有异常的思维和行为方式的疾病。
所以，神经病是医学上可以定义的一

患肌肉萎缩性侧索硬化症的
史蒂芬·霍金

种疾病，而精神病更多的是心理层面的定义，是心理障碍疾病，
指的是以精神无能、行为异常为主要特征的疾病。精神病有时候
是先天性的，多基因的疾病，带来了大脑、丘脑的功能性紊乱和
异常，也有的是后天性的，有间歇性发作和持续进展多种类型，
并且大部分药物无法根治。而神经病其实是以往被称为神经炎的
疾病，疾病诱因有很多种，但是症状基本上是要么感觉疼痛要么
感觉无力和瘫痪。

大家来认识一下神经系统

神经系统是人体内对生理活动起主要调控的系统，人体内的
生理机能调控还包括了体液调控和免疫调控。人体内激素也可以
参与调控，但是神经系统的神经调控是起主导作用的调控。而通
过这种调控，人体的各个器官以及组织才形成了一整体，密切配
合，协调一致地进行着种种生命活动。神经系统包括了中枢神经
系统和周围神经系统，中枢神经系统又包括脑和脊髓，周围神经
系统包括脑神经和脊神经。

现在大家对神经系统是不是一目了然了？现在来认识一下神

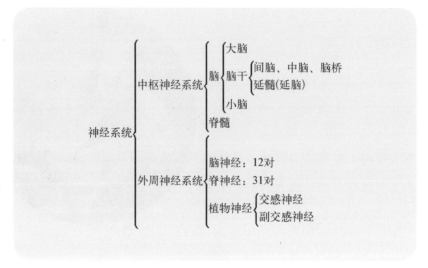

神经系统构成示意图

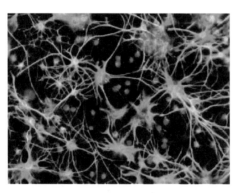

神经细胞

经系统的细胞构成，主要包括了神经元和胶质细胞。神经元是神经系统结构和功能的基本单位，神经元里面能够有电信号传播，这是人体信息传导的一种重要方式。

下面我们来认识一下神经干细胞。在中枢神经系统中部分细胞仍具有自我更新及分化产生成熟脑细胞的能力，这些细胞被称为神经干细胞（Neural Stem Cell，NSC）。特征性生物学标记：中间纤维 nestin。存在：中枢神经的嗅球、海马、下脑室、脑干、大脑等部位，以及外周神经系统如脊髓、感觉器官（嗅觉上皮和视网膜）等部位。1992 年，雷诺兹（Reynolds）等首先利用神经球特殊培养条件，先后从胎鼠和成鼠纹状体分离得到神经干细胞（neural stem cells，NSCs），人们在这之后又从胚胎和成体神经系统的多个部位发现了这种具有干细胞特征的细胞；1999年，斯文森（Svendsen）等从人的胚胎中分离出神经干细胞。神经干细胞可以特异性地分化成神经细胞，也就是分化成为神经元和胶质细胞，包括星形胶质细胞和少突胶质细胞。由于神经元细胞不具有自我更新能力，而神经干细胞具有自我更新的能力，再加上神经干细胞有低免疫源性，能够与移植对象的神经系统更好地结合，因此，这种神经干细胞在移植中能发挥很重要的作用，而在某种微环境下的定向分化研究也能够让神经系统修复的机制研究更加清晰。

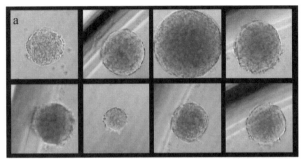

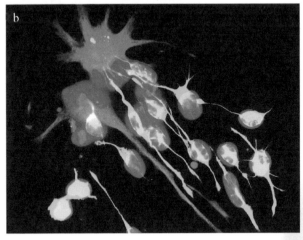

单个 CD133+ 细胞克隆增殖

下面我们来看看普通显微镜和免疫荧光方法记录下来的从人的多能干细胞到神经干细胞的过程，包括流式细胞检测方法来验证细胞的效率。

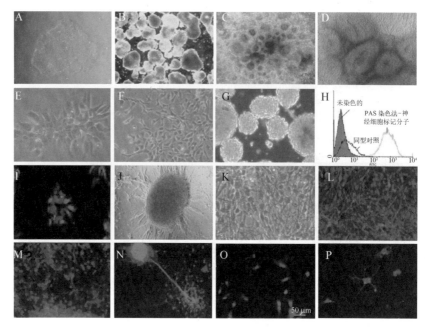

H 未染色的
PAS 染色法 – 神经细胞标记分子
同型对照

50 μm

生产和鉴定人神经干细胞

　　神经干细胞有哪些应用呢？最直接的是细胞直接移植进行替代治疗，移植的 NSCs 大量增殖分化，替代损伤的神经组织，重建神经传导通路；其次，是以 NSCs 作为基因载体，携带治疗作用的目的基因进行移植，从而达到细胞替代和基因治疗的双重作用；此外，通过对生长因子和细胞因子的研究，诱导自身的 NSCs 分化，进行神经自我修复。

　　神经系统的疾病是对人类威胁很大的一类疾病，常见的有癫痫、脑膜炎、脊椎炎、神经衰弱等。例如帕金森病，也是神经系统的疾病。神经系统疾病的检验和病因确定都很复杂，在临床上导致神经系统的疾病很难治疗。因此，无论用动物构建疾病模型还是新的干细胞方法构造疾病模型，都是加深了对于神经系统疾病的机理研究。同时，干细胞家族中的间充质干细胞以及神经干细胞，都在被用于针对这些疾病进行临床的治疗，其中间充质干细胞的机理目前被研究界认为可以改善了局部性的炎症反应，而神经干细胞则能够将对应区域的神经细胞的损失带来补充，神经干细胞在微环境中如何分化，其中比较精确的路径研究以及干细胞最终的融合效果也是现在研究界的一个任务和研究的新视野。

从美国 clinicaltrials 数据库的数据来看，目前尝试用干细胞治疗的神经系统疾病主要集中在脊髓损伤、脑外伤、脑瘫、脑卒中以及帕金森病、阿尔茨海默病等神经退行性疾病上。StemCells 公司已经开发出人类神经干细胞，并从肝脏和胰脏中获得了一系列的候选干细胞。该公司拥有超过 40 项美国专利，在全世界共拥有超过 170 项个人专利。该公司的 HuCNS-SC 是一种分离自胎儿脑部的高度纯化的人类神经干细胞，临床前试验证实，这种细胞可以直接移植进入中枢神经系统中，能够分化为神经元和神经胶质细胞，能够在体内存活长达一年的时间，而且不会形成肿瘤或发生任何不良反应。目前，这种 HuCNS-SC 在两种严重神经系统紊乱疾病神经元腊样脂褐质症（Neuronal Ceroid Lipofuscinosis，NCL）和家族性脑中叶硬化（Pelizaeus-Merzbacher Disease，PMD）的临床治疗中已经进入了临床试验阶段。

从目前文献报道的治疗效果来看，干细胞治疗能在一定程度上改善以上疾病的临床症状，提高患者的生活、生存质量。但干细胞移植治疗神经系统疾病仍然十分不成熟，众多问题悬而未决，比如如何选择最佳移植时机、所需有效细胞数目、移植途径，以及如何确定细胞移植后的长期安全性等。

眼睛，我来了

眼科疾病的概述

眼睛是心灵的窗户，我们通过眼睛去感知五彩缤纷的世界。视觉是我们最为重要也是最为依赖的器官之一。当今社会，用眼过度、老化、遗传、意外等一系列因素都无情并不可逆转地伤害了我们的眼睛。近视是我们最为熟悉的眼科疾病。据世界卫生组

织统计，我国近视患者人数高达 6 亿，其中，高中生和大学生的近视率超过七成，并逐年递增。而小学生的近视率也将近四成。由于近视看东西视线模糊，我们不得不早早地戴上眼镜。一旦戴上眼镜，今后就难以摘下。近视虽然普遍，但还有补救措施。而对于患上了青光眼、白内障或是视网膜黄斑变性的患者来说，他们是不幸的，他们面临着失明的风险。

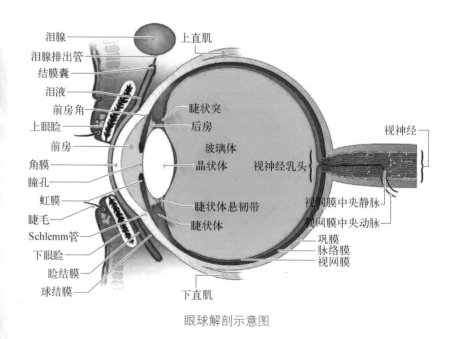

眼球解剖示意图

眼睛是一个非常精密的器官，位于颅骨的眼眶之中，外部由眼睑保护。眼睛是一个中空的球体，它充满了无色透明胶状物质（玻璃体），以维持自身的形状。光线从瞳孔进入眼睛、角膜，通过晶状体的会聚作用在视网膜上形成图像。在视网膜上有数以百万计的细胞能够感知光及颜色，这些感光细胞能将信号传送至大脑，使我们感受到我们看到的一切。

眼科疾病往往是在接受光信号、形成电信号传输至脑的环节上出现问题。当我们看近处物体时，眼睛的睫状肌收缩，晶状体变厚，影像投射在视网膜上；当我们看远处物体时，睫状体放松，晶状体变薄，影像同样能够投射在视网膜上。当我们长期看近处物体时，我们的眼睛会因为睫状体持续收缩而感觉到累，长此以往，我们的睫状体由于长期处于收缩状态导致看远处物体时，睫状体无法回到放松状态，导致晶状体比正常的时候更厚，使影像无法投射在视网膜上，这时我们就患上了近视。

青光眼、白内障和视网膜黄斑变性是导致失明的三大眼科疾病。青光眼是由于眼压增高引起的实盘凹陷、视野缺损导致的。正常人的眼压为 41.87 ～ 87.78 千帕（10 ～ 21 mmHg），超过 100.32 千帕（24 mmHg）为病理现象。眼压增高有损视功能，眼压持续过高对视神经的损害更严重。青光眼眼压增高的原因是房水循环的动态平衡被破坏。少数是由房水分泌过多，更多的原因是房水流出障碍，如前房角狭窄、关闭以及小梁硬化等。白内障是由于老化、遗传等各种原因引起的晶状体代谢紊乱而导致的晶状体蛋白质变性、浑浊引起的。白内障可分为先天性白内障和后天性白内障，该病多发于 40 岁以上人群，且随着年龄增长发病率呈升高趋势。视网膜黄斑变性是一种慢性眼病，主要表现为视网膜色素上皮细胞（Retinal Pigment Epitheliums，RPE）对视细胞外节盘膜的吞噬、消化能力下降而导致未被完全消化的盘膜残余小体潴留在基底部细胞原浆中，并向细胞外排出，沉积于 Bruch 膜，形成玻璃膜疣。青光眼、白内障和视网膜黄斑变性会导致眼睛内部发生不可逆的损伤，影响视力，并有导致失明的风险，危害极大。

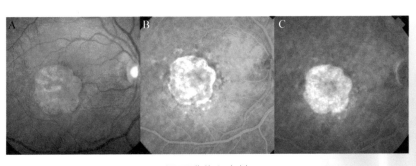

视网膜黄斑变性

干细胞技术治疗眼科疾病

在眼科疾病的治疗中引入干细胞疗法，目前仍处于临床试验阶段。适用于干细胞治疗的眼科疾病以及合适的治疗方案仍需探索。美国国立卫生研究院临床试验数据库登记在册的全球范围内的干细胞治疗眼科疾病的临床试验数为 98 个，其中 32 个与黄斑变性有关；我国利用干细胞治疗眼科疾病的临床试验数为 8 个，其中 3 个与黄斑变性相关。

按照年龄分类，黄斑变性可分为年龄相关性黄斑变性和先天性黄斑变性。年龄相关性黄斑变性多发生于 45 岁之后，先天性黄斑变性为常染色体隐形遗传眼病多在 8 ～ 14 岁开始发病。年龄相关性黄斑变性可分为干性型和湿性型。其中，干性型主要为脉络膜毛细血管萎缩，玻璃膜增厚和视网膜色素上皮萎缩引起的黄斑区萎缩变性；湿性型主要为玻璃膜的破坏，脉络膜血管侵入视网膜下构成脉络膜新生血管，发生黄斑区视网膜色素上皮下或神经上皮下浆液性或出血性的盘状脱落，最终成为机化瘢痕。临床上，干性型黄斑变性可转变为湿性型黄斑变性。干细胞治疗黄斑变性的临床试验中，主要针对的是干性型黄斑变性。

黄斑变性归根到底是眼睛中 RPE 或功能上或数量上出现问题而导致代谢异常。因此，选择 RPE 移植治疗黄斑变性是理论上最合适的。得益于干细胞分化技术的发展，我们已经可以高效地将人多能干细胞（包括 hiPSCs 和 hESCs）分化为视网膜上皮细胞。其中，用 hiPSCs 分化的 RPE 相较于 hESCs 分化的 RPE 移植治疗黄斑变性，理论上更为安全。

首例移植 hiPSCs 分化得到的 RPE 治疗黄斑变性的试验于 2014 年 9 月 12 日完成。日本神户市医疗中心医院的 Masayo Takahashi 是该项试验的主要负责人，接受治疗的患者为日本 70 岁黄斑变性的女性患者。在试验前，研究者们将患者的皮肤成纤维细胞重编程为 hiPSCs，随后将 hiPSCs 分化为片状的 RPE，随后在手术中，将片状的 RPE 移植到患者的眼部。这个临床试验证实了干细胞疗法的安全性，不过干细胞疗法治疗黄斑变性的有效性还需要开展后续更多的临床试验。2015 年 9 月，英国首例失明患者在伦敦摩菲眼科医院接受了胚胎干细胞治疗。不过将干细胞疗法应用于眼科疾病的治疗还有很长的路要走。

视力测试

糖尿病，你别跑

认识糖尿病

糖尿病在当下已是一个耳熟能详的疾病，它与高血压、冠心病以及胃病一起并称为我国的四大慢性疾病。全球几乎每一个国家，糖尿病的发病率都呈上升趋势。根据世界卫生组织在 2016 年发布的《全球糖尿病报告》，全世界共有 4.22 亿人患有糖尿病，

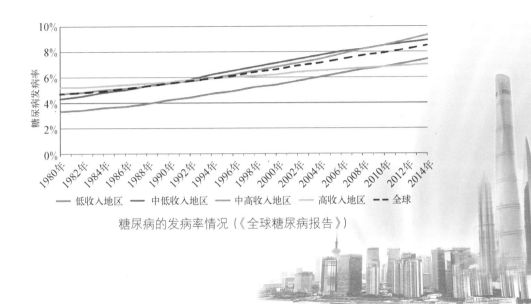

糖尿病的发病率情况（《全球糖尿病报告》）

约占全球人口 8.5%，我国成年人口中，有近 10% 是糖尿病患者，其中男性患病率为 10.5%，女性患病率为 8.3%。

让我们来认识一下这个可怕的疾病吧。糖尿病是以糖代谢紊乱为主要特征的综合征，患者往往会有多饮、多食、多尿但日渐消瘦的症状，俗称"三多一少"。糖尿病是一种严重的疾病，它是导致失明、肾衰竭、截肢、中风和心脏病的主要原因。每年，糖尿病导致的死亡人数与艾滋病导致的死亡人数不相上下。鉴于糖尿病的高发病率和高危害性，国际糖尿病联合会和世界卫生组织共同发起了联合国糖尿病日，旨在让更多人了解糖尿病的危害，改变生活中的不良行为，提高自身和家人的预防意识，控制和延缓糖尿病的发生。

糖尿病的症状

◯ 疲惫　　◯ 尿频　　◯ 多饮　　◯ 体重下降

糖尿病的症状

按照世界卫生组织和国际糖尿病联合会专家组的建议，糖尿病可分为 1 型糖尿病，2 型糖尿病、妊娠糖尿病及其他类型糖尿病四类。其中，1 型糖尿病占总患病人数的 5%，2 型糖尿病占90%，妊娠糖尿病占 4%，其他类型糖尿病占 1%。1 型糖尿病又称为胰岛素依赖型糖尿病，它是一种自身免疫疾病。患有 1 型糖尿的患者，他们体内的胰岛细胞被破坏，导致胰岛素分泌不足，患者需要终身注射外源性胰岛素来控制血糖。1 型糖尿病不是由体重和生活方式引起的，患者往往在儿童时期（9 ～ 14 岁）即被诊断，不过在成年期也会有新被诊断为 1 型糖尿病的患者。2 型糖尿病又称为非胰岛素依赖型糖尿病，其发病原理为胰岛素抵抗与胰岛素分泌不足合并存在。部分患者以胰岛素抵抗为主，部分以胰岛素分泌不足为主，表现为胰岛素相对缺乏。对于 2 型糖尿病而言，如果能够及早诊断和治疗，病程有可能可以逆转。

糖尿病的治疗必须以控制饮食、运动治疗为前提。糖尿病的药物治疗应针对不同患者的糖尿病病因，注重改善胰岛素抵抗和对胰岛细胞功能的保护。口服降糖药和注射胰岛素是治疗糖尿病的两类最重要的药物。口服降糖药根据其原理不同，又可分为胰岛素增敏剂、双胍类药、α-葡萄糖苷酶抑制剂、促胰岛素分泌剂等，其中胰岛素制剂根据起效时间快慢以及维持时间的长短，可分为短效、中效和长效三类。尽管可以通过很多药物对糖尿病进行干预治疗，但是 1 型和 2 型糖尿病由于现有疗法无法消除病因，因此理论上是无法治愈的。

干细胞治疗糖尿病

体内血糖过高是糖尿病的典型特征。我们通过食物获取大部分的糖类，体内的胰岛素帮助将糖类转运到人体细胞中并加以利用。糖尿病患者中，无法产生足够胰岛素的患者称为 1 型糖尿病患者，能够产生足够胰岛素却无法利用糖类物质的患者称为 2 型糖尿病患者。为了改善现有疗法的局限性，目前人们正在尝试多种治疗糖尿病的新疗法，包括开发胰岛素给药和糖尿病检测系统、全胰腺和胰岛细胞移植治疗以及探索促进胰岛 β 细胞生成的方法。其中，对于某些类型的糖尿病，尤其是 1 型糖尿病的治疗来说，胰岛细胞移植理论上具有治愈疾病的可能。

胰岛移植简单地说就是将胰岛细胞移植到糖尿病患者的体内，希望移植的细胞能够整合到患者体内，发挥正常胰岛 β 细胞

的功能。常规的一次胰岛移植往往需要 2 ～ 4 名捐赠者的胰岛细胞，因此缺乏供源是胰岛移植的局限性。近年来，随着多能干细胞分化体系的优化，人们可以分化得到人多能干细胞来源的胰岛细胞，为解决供源有限的问题带来希望。胰岛细胞移植展现出一定的治疗优势，但是胰岛细胞移植后无法正常发挥功能、造成宿主的免疫排异反应等问题影响了细胞移植的疗效。因此，在利用人多能干细胞治疗糖尿病还有很多问题有待解决。

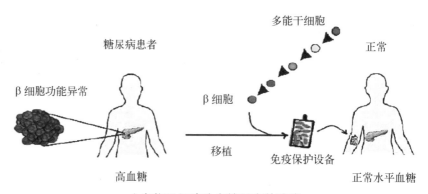

人多能干细胞治疗糖尿病的路线

　　除了利用人多能干细胞分化得到的细胞进行移植治疗糖尿病外，还有很多干细胞移植治疗糖尿病的临床试验正在开展。间充质干细胞是临床试验中应用较多的一类细胞。间充质干细胞在多能性上不及人多能干细胞，在移植后分化形成胰岛细胞的能力弱，但其来源广泛（可取材于脐带血、骨髓以及脂肪组织）、具有强大的旁分泌作用，同时也具有免疫抑制的性质。鉴于间充质干细胞具有许多优势且移植后对糖尿病有一定的治疗作用，因此间充质干细胞治疗糖尿病及其并发症的疗法正在如火如荼地进行着。

　　糖尿病的干细胞疗法前景光明，但在干细胞疗法成为常规疗法前，还有很多难题需要攻克。尽管前方的道路并不平坦，但是干细胞疗法的开发为糖尿病的治愈提供可能，人们对干细胞疗法的开发热情高昂，相信在不久的将来，干细胞治疗糖尿病将成为一种常规的治疗方案，造福糖尿病患者。

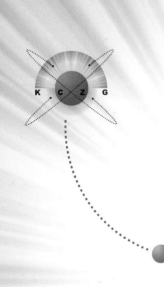

挑战与机遇：
干细胞产业发展

干细胞全产业链概述

◆ 干细胞资源库　　◆ 组织工程/再生医学　　◆ 精准医疗

脐带、羊膜、骨髓、脂肪、牙髓等间充质干细胞的分离鉴定

结合高活性生物材料、干细胞或自体组织细胞等构建人工组织及体外器官培养

运用基因检测、干细胞技术、生物信息学等技术方法，评估个体疾病特征，制定个性化治疗方案

上游　　　　　中游　　　　　　　　下游

◆ 干细胞技术及新药研发　　◆ 医学美容　　◆ 抗衰老

在难治性疾病及重大疾病中，干细胞治疗已经展现出较好的疗效

应用干细胞相关衍生物进行医学整形美容，如去皱、塑性填充、淡斑美肤等

应用干细胞相关衍生物进行生物抗衰

干细胞全产业链

　　什么是干细胞产业链呢？目前主要由上游的干细胞存储、中游的干细胞研究以及下游的干细胞治疗三部分组成。其中，上游以储存脐带血最为成熟；中游主要是进行干细胞技术研究和干细胞新药研发；下游是以各类干细胞治疗业务为主体。

　　除了以上基于干细胞本身形成的产业链外，由于干细胞相关技术的快速发展和应用，干细胞产业的发展也与其他产业相互结合，互促发展。

血液采集

细胞冻存

（1）干细胞试剂产业：干细胞产业是目前国际生物医药界的研究热点，虽然干细胞产业的各种商业模式尚不成熟，但是对支撑干细胞基础研究、临床研究的试剂体系和工业化生产材料以及其他相关支撑产业已经具有成熟的运营模式。

（2）基于遗传信息的产业：干细胞是一种高度个性化的生物资源，其利用需要依赖对遗传信息的分析。

（3）诊断检测试剂产业：干细胞的临床应用需要对疾病的种类、发生原因、发生阶段进行分析。干细胞的准确定位可能还需要特殊试剂的参与。干细胞治疗效果需要试剂的术后评价。

（4）生物工程材料和人造组织器官产业：干细胞是再生医学的细胞组分。生物工程材料又称为生物支架材料，是再生医学中的形态维持材料、力量承受材料，新型生物工程材料还可以在体内诱导干细胞按照特定组织器官的需要进行分化。因此，生物工程材料是干细胞产业快速发展的支撑产业。

各国干细胞产业发展现状

在国际方面，自 1999 年美国《科学》杂志将干细胞研究评为世界十大科学成就之首以来，干细胞研究数次入选当年度世界十大科技成就之列。相应的，干细胞转化及产业化进程也快速发展，将带来全球范围内人口健康与医药领域革命性改变。

作为全球生物科技的领先者，美国在干细胞产业化方面仍处于全球领跑者的地位，涉及干细胞研发及应用的生物技术公司绝大部分位于美国；日本、韩国、欧盟等也各有所长，目前各发达国家均投入大量研究经费，建立各种基础与临床紧密结合的专门研究机构推动干细胞产业化发展。目前全球范围内已批准上市十余项干细胞产品（见下表），分布于欧洲、美国、澳大利亚、韩国等国家或地区。

国外批准上市的干细胞产品

商品名	国家或地区	年份	公司	来源	适应症
ChondroCelect	欧洲 EMA	2009-10	比利时 TiGenix	自体软骨细胞	膝关节软骨损伤
Prochymal	美国 FDA	2009-12	美国 Osiris	人异基因骨髓来源间充质干细胞	移植物抗宿主病（GVHD）、肠道炎症疾病 Crohn 氏病
MPC	澳大利亚 TGA	2010-7	M 胚胎干细胞 oblast	自体或异体骨髓间充质祖细胞	骨修复
Hearticellgram-AMI	韩国 KFDA	2011-7	FCB-Pharmicell	自体骨髓间充质干细胞	急性心肌梗死
Hemacord	美国 FDA	2011-11	美国纽约血液中心	脐带血造血祖细胞用于异基因造血干细胞移植	遗传性或获得性造血系统疾病
Cartistem	韩国 KFDA	2012-1	Medi-post	脐带血来源间充质干细胞	退行性关节炎和膝关节软骨损伤
Cuepistem	韩国 KFDA	2012-1	Anterogen	自体脂肪来源间充质干细胞	复杂性克隆氏并发肛瘘
Prochymal	加拿大健康监管部门	2012-5	美国 Osiris	异体骨髓间充质干细胞	儿童急性重症
Holoclar	欧洲 EMA	2014-12	意大利凯西制药	眼角缘干细胞	外伤引起的角膜损伤
NeuroNATA-R	韩国 KFDA	2015-2	Cor 胚胎干细胞 tem	间充质干细胞	肌萎缩侧索硬化症（ALS）
Stempeucel	印度	2016-5	Stempeutic	间充质干细胞	Burger 氏病引起的严重下肢缺血

由于诸多疑难疾病的存在，干细胞技术具有巨大的市场需求。虽然人们对干细胞治疗寄予很高的期望，但就目前而言，干细胞技术在细胞来源、获取方式、体外操作、质量标准、给药途径、安全性及疗效评估及技术成熟程度等环节尚存在诸多悬而未决的问题。总的来说，干细胞产业化在全球仍处于发展的早期阶段，目前缺乏成熟的相关产品。

近年来，在干细胞研究的产业化方面，我国也较早进行了布局，建立了脐带血造血干细胞库，并进行了多例异体脐带血造血干细胞移植治疗的临床应用，促进干细胞从研究向转化发展，具有良好的带动作用。同时在干细胞成果转化的道路上，我国虽取得了一定的进展，比如自 2004 年以来，根据中国 SFDA 网站的查询信息，批准了"骨髓原始间充质干细胞""自体骨髓间充质干细胞注射液""间充质干细胞心梗注射液"等干细胞药物进入临床试验阶段。与国际水平相比，我国干细胞的科研和临床可能与国际的差距不是特别大，因为起步时间都差不多，但是我国干细胞行业在法律法规上与欧美国家还存在较大的差距，导致后续进展缓慢，最新的报道较少。

中国干细胞产业的未来之路

纵观中国干细胞产业过去十几年来的发展，经历了一个由模糊到清晰、从非完全规范到逐渐规范、产业发展形式从弱到强、且政府支持力度逐渐提高的过程。

目前，中国干细胞产业已经初步形成了从上游存储到下游临床应用较为完整的产业链，主要集中在干细胞存储、细胞生产制备、研究技术以及相关基础服务等方面。在干细胞研究领域，众多科研技术人员仍在致力探索新的成果；干细胞治疗领域，许多专业医院也积极开展干细胞治疗新方法的尝试；此外，多家产业化基地也已经建立起来，促进了干细胞与再生医学技术的成果转

化和产业发展。

正如中国科学院院士薛其坤所说:"《'十三五'国家科技创新规划》希望通过免疫治疗、细胞治疗、干细胞与再生医学等新型生物医药技术的发展,构建中国医药生物技术产业体系,通过科技创新驱动经济结构的调整战略,服务于国家经济社会发展,构筑中国生物经济国际竞争力。"由此可见,干细胞研究已被列为我国前瞻性科学问题,未来有望实现重大科学突破。中国干细胞行业发展前景值得期待。干细胞与再生医学的价值在于其不可估量的应用前景,但是和其他许多科学领域相似,通向成功的道路将会是曲折的,干细胞研究为科技新人带来重大契机的同时,也必然要担负起巨大的责任。

集中优势技术力量开展重点项目成果转化

中国是人口大国,也是各种重大疾病高发的国家,目前我国有超过 300 万人等待眼角膜移植,重症肝病患者超过 3 000 万人,糖尿病患者达 6 000 万人。现实迫切需要干细胞研究成果尽快为广大患者服务,从而提高全民健康水平、保障社会和谐稳定发展。通过多年的探讨摸索,国家重点扶持干细胞研究及其成果转化的总体思路已经非常明晰,下一步的关键是应该集中优势技术资源和资金,积极推进干细胞研究及成果转化的有序开展。

目前北京、上海、广州等地多家优秀科研团队及临床机构在干细胞基础研究和转化领域成果频出,广泛的国际学术交流和合作使得我国干细胞产业从技术到成果转化都进入快速发展期。一方面,干细胞成果转化的核心在于科研团队具备扎实的技术基础,包括细胞系的建立、干细胞扩增培养、诱导干细胞定向分化使其安全有效地分化为具备临床治疗所需功能的细胞。另一方面,基因测序、大数据医疗等与干细胞成果转化之间存在着互补的关系,有望实现与精准医疗的完美结合。因此,提高基础科研水平,扎实技术基础,从而提高干细胞研究的核心技术竞争力,在干细胞领域原创性成果的研发及创新驱动方面进行有益的探索，科研成果向实际生产力转化，逐步推动国家形成干细胞研究新格局。

按市场规律走干细胞产业化发展之路

从全球干细胞产业发展角度来看，拥有优质的干细胞库和具备核心技术是干细胞产业化的关键要素。干细胞产业的内在价值主要通过其技术或产品的临床疗效体现，最终的目标是治疗当前传统疗法难以有效治疗的疾病。因此，如何走好干细胞产业化发展之路，也是科技新人在干细胞研究发展中需要面对的问题。

以美国为例，美国干细胞产业布局体现了区域集中性，是典型的原始创新推动型的产业，干细胞产业中很多活动主要围绕以美国哈佛大学为代表的高水平研发机构进行布局。由此可见，依托市场导向，结合高校、科研院所以及临床机构，研发具有高水平并符合我国实际需求的干细胞技术或产品，配合政策的导向扶持，整合产业链，是提升我国干细胞研发及产业化进程中不可缺少的环节。另外，保持我国在干细胞基础研究上国际先进水平的同时，按照市场规律来走干细胞产业化发展之路，才能更好地造福广大患者。

政府监管和技术标准的保驾护航

干细胞研发及成果转化是一个多学科交叉、相互促进协调发展的新兴领域，在基础研究和技术产品研发方面已经形成快速发展的态势，我国在干细胞的基础与应用研究中起步较早，2004年，国家食品药品监督管理局就下发了第一个干细胞药物临床试验批件，但时至今日，仍没有一个药物获准上市。近年来干细胞临床研究在全国各地蓬勃发展，比如骨髓、外周血干细胞治疗失代偿期肝硬化、运用自体骨髓间充质干细胞治疗缺血性肢体疾患

等均取得了不错的研究结果。

国家卫生和计划生育委员会和国家食品药品监督管理局先后制定了一系列指导原则及管理规范，对我国干细胞临床应用起到了一定的指导作用。但是，在多种疾病目前尚无有效的治疗措施的情况下，干细胞技术作为一种极具前景的治疗选择存在巨大的市场需求。因此，尽管很多干细胞治疗方案并不完善且疗效尚未确定，但某些医疗单位基于经济利益等因素的考虑，将干细胞治疗作为普通的医疗服务项目提供给广大患者。在技术成熟度不够的情况下，将干细胞治疗技术用于临床疾病治疗的做法，不仅侵害患者的健康权益，而且损害干细胞治疗技术本身的健康和可持续发展。这凸显出干细胞治疗管理有待进一步规范的问题。

无论研发者本身还是政策监管的制定实施部门，均缺乏相应的成熟完善的运营经验、产品标准、评估指标、伦理准则、转化模式和技术及应用规范等，多方面因素共同导致目前干细胞产业化进程缓慢，无法培育形成规范有序的干细胞产业化市场。因此，通过规范市场让干细胞治疗的安全性得到有效控制，并进一步确认干细胞治疗的有效性是干细胞临床应用所要面对的重要问题。目前我国已针对该问题采取了一些措施。1999 年，国家食品药品监督管理局颁布《新生物制品审批办法》，其中提出了《人体细胞治疗申报临床试验指导原则》，将干细胞纳入生物制品管理。2003 年，又发布了新的《人体细胞治疗研究和制剂质量控制技术指导原则》。2007 年 7 月 10 日，公布《药品注册管理办法》。2011 年 12 月 16 日，卫生部和国家食品药品监督管理局联合发函，决定开展为期一年的干细胞临床研究和应用规范整顿工作，明确提出停止未经卫生部和国家食品药品监督管理局批准的干细胞临床研究和应用活动。2015 年 8 月，国家卫生和计划生育委员会和国家食品药品监督管理局出台了《干细胞临床研究管理办法（试行）》（详见附录 2）和《干细胞制剂质量控制及临床前研究指导原则（试行）》两个干细胞临床研究监管政策。至此，我国终于在干细胞转化及应用政策监管领域跨出可喜的第一步。该管理办法对在医疗机构开展的临床研究制定了一系列详细的管理办法，对开展干细胞临床研究的医疗机构所承担的责任、应具备的条件等条分缕析，要求干细胞临床研究必须进行申报与备案，对临床研究过程、研究报告制度、专家委员会职责等方面制定了详细的规定，并强调机构不得向受试者收取干细胞临床研究相关费用，不得发布或变相发布干细胞临床研究广告。2017 年 11 月 22 日，由中国细胞生物学干细胞生物学分会主办，中国科学院干细胞与再生创新研究院承办的《干细胞通用要求》新闻发布会在北京举行。《干细胞通用要求》是根据国家标准委 2017 年发布的《团体标准管理规定》制定的首个针对干细胞通用要求的规范性文件，将在规范干细胞行业发展，保障受试者权益，促进干细胞转化研究等方面发挥重要作用。随着干细胞基础研究的发展，以政府监管为导向，制定适合干细胞研究特点的技术标准体系，使科技新人在探索中掌握干细胞转化及产业化规范发展的客观规律并稳步推进，以引导中国干细胞产业健康发展。我们坚信，干细胞研究也将迎来又一春天。

我国干细胞行业相关政策法规

时　间	政　策　名　称
1999 年	《新生物制品审批办法》
2003 年	《人体细胞治疗研究和制剂质量控制技术指导原则》
2007 年	《药品注册管理办法》
2015 年	《干细胞临床研究管理办法（试行）》和《干细胞制剂质量控制及临床前研究指导原则（试行）》
2017 年	《干细胞通用要求》

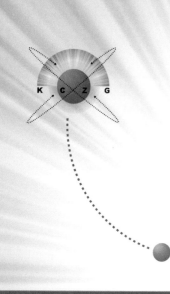

人体干细胞研究的
医学伦理

世纪伦理之争

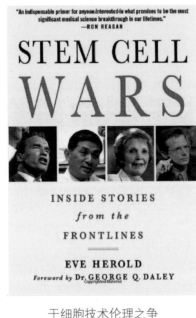

"An indispensable primer for anyone interested in what promises to be the most significant medical science breakthrough in our lifetimes."
—RON REAGAN

STEM CELL
WARS

INSIDE STORIES
from the
FRONTLINES

EVE HEROLD
Foreword by Dr. GEORGE Q. DALEY

干细胞技术伦理之争

干细胞有单能、多能和全能三类，而胚胎干细胞属于全能一类。这正是胚胎干细胞的最大特点和优点。人的胚胎干细胞能够建系了，那就意味着有可能在一定条件下分化发育为人体的任何细胞、组织或者器官，从而使"再生医学"之梦变为现实，这正是科学家和公众对之寄予厚望的根本原因。干细胞的研究给人类健康带来无限光明前景的同时，由于其与胚胎伦理地位、克隆人等敏感问题有密切联系，使科学研究始终处于造福与不测的交叉路口，由此引起的伦理之争被称为"世纪伦理之争"。

尽管胚胎干细胞有着巨大的医学应用潜力，但由于胚胎干细胞研究关系到克隆技术能否正确运用，关系到对人类胚胎的正确对待等问题，不仅吸引了各国科学家和商业团体的目光，还引起社会学家、伦理学家、法学家、哲学家和政府官员的广泛关注，并由此引发了空前的伦理道德之争。归根结底，人类胚胎干细胞研究争论的焦点就是胚胎到底是不是生命。从体外受精人的胚胎中获得的胚胎干细胞在适当条件下能否发育成人？干细胞要是来自自愿终止妊娠的孕妇该怎么办？为获得胚胎干细胞而杀死人的胚胎是否道德？是不是良好的愿望为邪恶的手段提供了正当理由？使用来自自发或事故流产胚胎的细胞是否恰当？如果胚胎干细胞和胚胎生殖细胞可以作为细胞系而可买卖获取，科学家使用它们符合道德规范吗？什么类型的研究可被接受？能允许科学家为研究发育过程或建立医学移植组织而培养个体组织和器官吗？由于目前已接受人体基因可以插入动物细胞中，将人的胚胎干细胞嵌入家畜胚胎中创立嵌合体来获得移植用人体器官是否道德？

小贴士

一些人认为，从人的胚胎中收集胚胎干细胞是不道德的，因为人的生命没有得到尊重，人的胚胎也是生命的一种形式，无论目的如何高尚，破坏人的胚胎是不可想象的。而另一些人辩称，由于科学家们没有杀死细胞，而只是改变了其命运，因而是道德的。有些人担心，为获得更多的细胞系，公司会资助体外受精获得囊胚及人工流产获得胎儿组织，人工流产将泛滥。

随着干细胞技术突飞猛进的发展，应用骨髓移植、外周血造血干细胞等干细胞技术已经进入临床，并且在逐渐被推广。然而科技的发展是把双刃剑，干细胞治疗技术在某种程度上赋予人们可以操纵生长发育、生老病死的能力，如果不加以严格管理，患者的尊严是否会被随意侵犯？对生老病死的干预能否被众人接受？因此，医学研究的伦理要求逐渐被重视，人们也开始冷静下来思考干细胞所涉及的医学伦理。

传统医学伦理对医护人员的道德要求主要是"关护""不伤害"，并不十分注重诊断、治疗和研究过程中患者自身的同意或拒绝的权利。而现代医学伦理则要求医生应更多地考虑到患者在决策中的参与，并通过向患者告知未来治疗活动的意义、机会、后果和危险而为患者的自我决断创造条件。现代医学伦理要求患者的知情权、隐私权和决定权都受到尊重。如何处理医生救死扶伤的职责与患者的自决权之间可能发生的冲突等，构成了干细胞医学伦理学中具有争议的基本内容。

争议下各国的谨慎态度

美国的干细胞研究居于世界前列，科学和宗教观念的激烈碰撞在胚胎干细胞的研究上充分显现。美国前总统乔治·沃克·布什和贝拉克·侯赛因·奥巴马在这一问题上的态度截然相反。布什坚决反对胚胎干细胞研究。他在总统任上时，曾两次动用否决权，否决了用联邦经费资助人类胚胎干细胞研究的议案。2001年8月，时任美国总统布什签署总统令，禁止联邦资金用于提取胚胎干细胞及其研究，只能对当时已有的21种胚胎干细胞展开研究，美国的胚胎干细胞研究一度跌入低谷。2009年3月9日，时任美国总统奥巴马在白宫签署行政命令，宣布解除布什签署的对用联邦政府资金支持胚胎干细胞研究的限制。美国伦理审查委员会认为必须要有合理而科学的设计，从而产生有效并有意义的结果，否则就有违背伦理原则。比如要确定患者是否符合条件、尊重个人自主权，同时还应确认各种社会风险、精神风险以及身体风险等都被降到最低，确保针对风险具有相应的保护措施等。

日本政府积极制定相关法规和伦理准则，推进干细胞的研究。1999年底，日本科学技术会议生命伦理委员会公布《以克隆技术产生人类个体之基本见解报告书》，重申日本政府反对克隆

美国前总统布什和奥巴马对待干细胞技术的态度相左

技术制造人类个体的基本态度，并正式颁布了 146 号法律《关于对人克隆技术规制的法律》。2000 年 11 月 30 日，日本通过《关于人类克隆技术和其他相似技术的规范法》。2001 年 9 月 25 日，日本文部科学省公布了《人类胚胎干细胞产生及利用指导原则》，其目的在于促进和规范人类胚胎干细胞的研究及其在再生医疗方面的应用。对使用成体干细胞的再生医疗临床研究采取许可制，研究项目必须通过伦理委员会和厚生劳动省中央审查委员会的双重审查。日本政府希望通过制定这项指导方针，在尊重患者人权的同时，确保研究的有效性和安全性。

中国大多数学者认为，胚胎是人类的生物学生命而不是人类的人格生命，胚胎具有一定的价值而不具有与人一样的价值。因此，同意以维护和提高人类健康为目的的人类胚胎干细胞的研究。但是，强调严格控制使用人的配子制造的胚胎和克隆人的胚胎，并且反对克隆人。对以人为对象的医学研究，应按照《赫尔辛基宣言》的要求进行伦理学审查，从而维护相关者的权益，这也是医学伦理委员会的重要职能。涉及人的生物医学研究伦理审查原则上应该包括：知情同意、保障受试者安全、尊重和保护受试者隐私、适当补偿和特别保护脆弱人群等。为了能够真正落实法定的伦理审查原则，我国必须建立可供遵循的伦理审查程序、标准和方法。

关于人类胚胎干细胞研究的伦理争论并没有结束，人类胚胎毕竟是一个生命，因此必须严格管理和采取谨慎的态度对其进行研究，包括建立研究单位的准入制度和伦理委员会对其研究的审查等。很多人建议应该鼓励成体干细胞和 iPS 研究而应放弃胚胎干细胞研究。通常人们认为成体干细胞不涉及伦理学中对胚胎的争议，其研究更为迅速。目前，由于成体干细胞和 iPS 细胞所涉及的伦理问题相对较少，各国对这两类干细胞的研究限制比较少。2008 年 12 月 3 日，国际干细胞研究协会发表了《干细胞临床应用指导原则》，未指名地谴责利用未经证明干细胞及其衍生物在临床下大规模用于临床治疗。2009 年 3 月 20 日，《科学》杂

志、2009 年 2 月 19 日《自然》杂志 以及在 2009 年 9 月《自然生物技术》等刊物都刊发文章指出了干细胞应用的问题。

中国干细胞研究伦理规范的发展

我国自 20 世纪 90 年代就开始人类胚胎干细胞研究，与国外几乎同步，但曾被国外媒体指责为"东方野蛮生物学"。事实上真的如此吗？当然不是！2002 年国家人类基因组南方研究中心就提出了《人类胚胎干细胞研究的伦理准则（建议稿）》。2003 年，科技部、卫生部颁发了我国《人的胚胎干细胞研究的伦理指导原则》。尽管我国卫生部自 20 世纪 90 年代初开始就制定了《人的体细胞治疗及基因治疗临床研究质控要点》《人体细胞治疗申报临床试验指导原则》《人体细胞治疗研究和制剂质量控制技术指导原则》等一系列规范文件，但仍然出现了一些对细胞治疗技术的临床转化产生负面影响的不规范现象。伴随着商业资本的纷纷介入，从干细胞的获取、制备、生产到医院的治疗，目前已形成了完整的产业链。2009 登载了自然杂志社驻东京记者采访邱仁宗和胡庆澧的文章，评价了我国卫生部在 2009 年 3 月 2 日颁布的《医疗技术临床应用管理办法》，这说明我国正在开始加强对干细胞治疗的监管力度。

为了使我国生物医学领域人类成体干细胞研究切实遵守我国的相关法规，使干细胞技术更好地为治疗人类疾病、增进人民健康服务，并切实保护患者和受试者的权益，根据我国《执业医师法》《人体器官移植条例》《人的胚胎胎干细胞研究伦理指导原则》《医疗技术临床应用管理办法》《药品临床试验管理规范》《药物临床试验伦理审查工作指导原则》及《涉及人的生物医学研究伦理审查办法（试则)》，参考国际干细胞研究协会（the International Sociaty for Stem Cell Research，ISSCR)《干细胞临床转化（应用）指导原则》，国家人类基因组南方研究中心伦

ISSCR 2016 年颁布的《干细胞研究与临床转化指南》

理学部 2014 年在《中国医学伦理学》杂志上发表了《人类成体干细胞临床试验和应用的伦理准则（建议稿）》。之后我国出台了《干细胞临床研究管理办法（试行）》和《干细胞制剂质量控制及临床前研究指导原则（试行）》两个干细胞临床研究监管政策。2016 年 5 月 12 日，国际干细胞研究协会发布了新的干细胞研究和临床治疗指南——《干细胞研究与临床转化指南》。该指南基于各领域普遍认同的严格、监管、透明的科学原则制定，而遵守这些原则可以保证干细胞研究符合科学和伦理规范，新开展的干细胞治疗是循证的。作为国际上最大的干细胞研究专业学会组织，该指南的发布必将在业内引起广泛重视，也将为我国干细胞研究及其临床转化应用产生更好的指导作用，让我国的干细胞事业才能更加规范，路更长。

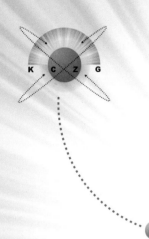

畅 想 未 来

20世纪是药物治疗的时代，21世纪是细胞治疗的时代。干细胞的潜在市场商机巨大，干细胞研究具有不可估量的医学价值，超出想象的市场前景，干细胞产业面临重大的投资机遇。虽然干细胞的应用面临各种问题，如来自现有疗法的竞争削弱市场潜力，生产成本高限制市场进入者，临床开发的高成本阻碍了市场参与者，伦理、法律和社会问题制约发展，但是干细胞的发现和干细胞技术的发展为人类疾病的治疗提供了独特的视角、方法和手段，为人类疾病治疗提供了新的希望和方向。让我们一起来畅想一下干细胞的未来。

极致的药物

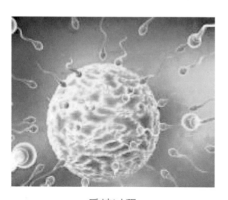

受精过程

为了一个人的形成，单个受精卵将产生数十亿计的200多种不同类型的细胞。直到最后一个细胞和器官发育形成之时，所有的一切仍未结束。神秘的干细胞还保留着无限可能……当人病了，第一时间还是想到去寻找各种药物而努力，我们换一个角度来看，所有的问题都发生在基因、细胞、组织、环境。我们可以把各种疾病都当作是细胞疾病来看待。什么细胞出了问题，我们就替换什么细胞。

那么器官级别的呢？我们能在体外培育这样的器官么？我们能够在磨损的位置直接植入软骨吗？还有更加有趣的，我们能否继续向上创造出适宜的环境？我们是否真的可以替换我们的心脏、骨头？如果人类最终能够利用自身或他人的干细胞或干细胞衍生的组织、器官去替代被损伤的、自身病变的或衰老的细胞、组织和器官，那么不仅许多传统医学方法难以治疗的顽疾迎刃而解。当人们的脸上爬满"岁月的痕迹"的时候，尤其是爱美的女性们，十分期待可以"抚平"皱纹，焕发青春。通过输入外源性或者自体的干细胞，可重整功能细胞的供应系统，增加正常细胞的数量、活性，从而达到恢复肌肤状况，对抗"表面"衰老的目的。那么人类青春不老、生命永续的梦想似乎也变得不那么遥远了。

抗衰老之路

极致的药物筛选

理想丰满的梦想者很多，不过要实现真正意义上的个性化细胞药物还有很长的路要走，在此之前我们是不是可以在药物筛选上做一个有意义的尝试？

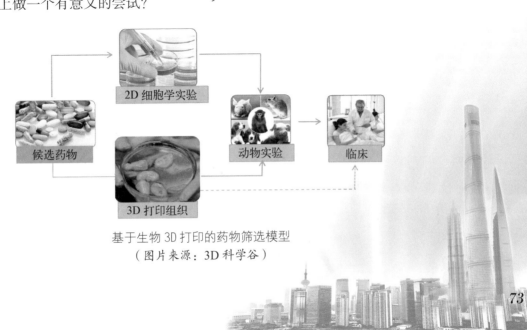

2D 细胞学实验

候选药物

3D 打印组织

动物实验

临床

基于生物 3D 打印的药物筛选模型
（图片来源：3D 科学谷）

　　可以说，新药开发是制药公司的生命线。为了调查有望成为新药的物质的效果以及不良反应，各制药公司都向相关试验投入了庞大的经营资源。每年制药行业用于药品研发的经费超过 500 亿美元，每个新药的平均研发成本为 12 亿美元，平均时间为 12 年。导致成本巨大的因素之一是使用人细胞进行试验的难度很大。目前药物试验使用的是容易获得的动物细胞和癌细胞，但与实际应用于人体相比，还不能很好地预测人体器官对药物的反应，药物的药效和不良反应有时存在差异，失败的风险较大，大约有 90% 的新药在临床试验中失败。因此，医药行业需要更好的药物疗效预测工具，使得新药能够更早地进行有效的筛选实验。通过干细胞定向分化出功能性细胞，从而实现 3D 打印的组织或器官，这种类器官（Organoids）更接近人体真实情况，筛选效率高，节约动物实验的时间和成本，同时药物毒理测试结果更可靠，可以降低临床实验阶段药物的潜在失败风险。不过现有的这些类器官还不够完美。很多类器官里都还缺少关键的细胞，很多类器官也只能够模拟器官发育过程的最初阶段，而且各批次之间的差异也比较大，缺乏稳定性。

　　那么更进一步，我们是否可以通过干细胞技术，生产出所有的功能性细胞，最后模拟人体整合到芯片上（Human on the Chip），实现真的个性化药物筛选呢？当然有可能！器官芯片

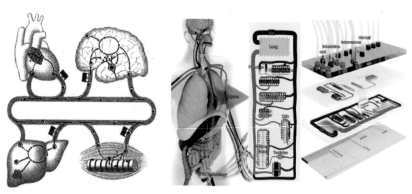

人体芯片药物筛选模型
（图片来源：TissUse GmbH）

（Organs-On-Chips）就是一种利用微加工技术，在微流控芯片上制造出能够模拟人类器官的主要功能的仿生系统。通过精确地控制多个系统参数，以及构建细胞图形化培养、组织与组织界面以及器官与器官相互作用等，从而模拟人体器官的复杂微环境。经过近几年来的快速发展，科研人员已经成功构建了众多人体器官的微流控芯片，如芯片肝、芯片肺、芯片肾、芯片血管、芯片心脏以及多器官芯片等。

我们再来看看美国北卡罗来纳州维克森林再生医学研究所（WFIRM）等科研机构制造的能够准确概括人类器官的正常组织功能及其对药物化合物反应的真实的模型系统的真容吧。

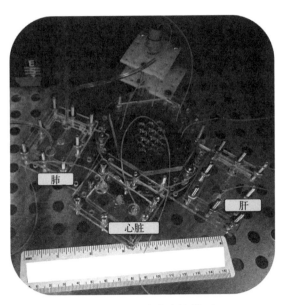

WFIRM 的人体芯片药筛模型
（图片来源：Scientific Reports）

干细胞的金融蓝海

早在 1967 年，美国华盛顿大学托马斯教授就提出将干细胞用于医疗的观点。但由于技术以及观念等因素限制，2005 年以

前干细胞市场发展一直比较缓慢。目前整个干细胞市场还是相对偏小，虽然美国、英国、德国、加拿大、巴西、澳大利亚、日本、韩国等国家的干细胞企业和研究机构纷纷加大投入，试图占领干细胞研究和应用制高点，但实际上这些国家的干细胞产品研究绝大多数仍处于研究阶段，在全球真正上市的干细胞产品很少。即使发展最为前沿的美国也仅有两种用于整形外科的干细胞产品上市，全球干细胞市场尚处于初级阶段。但是世界各国都意识到干细胞潜在的巨大市场，认识到发展干细胞市场的必要性和重要性。虽然全球通过严格安全性及有效性审查获得上市许可的干细胞产品不多，但干细胞市场呈迅猛发展态势已很明显，干细胞产品上市速度明显加快。业内普遍认为，干细胞产业虽然尚属研发培育期和大规模产业化的黎明阶段，但其又正处于一个大规模深度产业化的 "Step to the Clinic" 时期，即将迎来快速发展的黄金时代。截至 2014 年，全球进行了接近 4 万例的脐血移植术。除骨髓移植、脐血移植之外，其他来源的干细胞产品正逐渐步入临床应用阶段，面向的疾病类型大幅度增加，未来将超过造

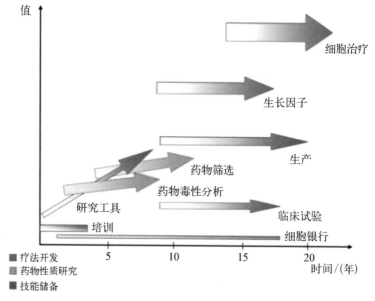

英国《干细胞研究杂志》对于干细胞未来市场的统计与预期分析

血干细胞移植的数量。从全球来看，干细胞技术及开发近年来一直受到国际资本市场的热捧，仅在美国纳斯达克挂牌的上市股票中，干细胞概念股的相关市值就超过 300 亿美元。根据美国权威机构 Adivo Associat 胚胎干细胞数据，全球干细胞医疗市场营业额 2011 年为 50 亿美元，2020 年可达 214 亿美元；而中商产业研究院的数据显示，全球干细胞行业 2016 年的市场价值达到 100 亿美元，预计到 2021 年达到约 1 600 亿美元；上海证券则认为到 2020 年将全球干细胞产业规模将达到 4 000 亿美元；英国《干细胞研究杂志》估计，未来的市场规模或将达到 1 万亿欧元。

一切的一切都刚开始，欢迎您和我们一起遨游在生命之海，共同开创干细胞的美好未来。

（因寻找未果，请本书中相关图片的著作权人见此信息与我们联系，电话 021-66613542）

附录 1：名词解释

造血干细胞（Hematopoietic Stem Cell）：具有高度自我更新能力和多向分化潜能的造血前体细胞，可分化成红细胞、白细胞、血小板和淋巴细胞。

胚胎干细胞（Embryonic Stem Cell）：源自第 5 ~ 7 天的胚胎中内细胞团的初始（未分化）细胞，可在体外非分化状态下"无限制"地自我更新，并且具有向三个胚层所有细胞分化的潜力，但不具有形成胚外组织（如胎盘）的能力。

成体干细胞（Somatic Stem Cell）：位于各种分化组织中未分化的干细胞，这类干细胞具有有限的自我更新和分化潜力。

前体细胞（Precursors）：一类只能向特定终末分化细胞分化的，较祖细胞更有限的增殖能力的成体细胞。

全能干细胞（Totipotent Stem Cells）：是早期数天胚胎中，具有分化成机体所有类型细胞和形成完全胚胎能力的干细胞。

多能干细胞（Pluripotent Stem Cells）：是具有形成机体各种类型细胞，即所有三胚层来源细胞的能力，但不具有形成胚外胎组织细胞的能力。

间充质干细胞（Mesenchymal Stromal/Stem Cell, MSC）：一类存在于多种组织（如骨髓、脐带血和脐带组织、胎盘组织、脂肪组织等），具有多向分化潜力，非造血干细胞的成体干细胞。

这类干细胞具有向多种间充质系列细胞（如成骨、成软骨及成脂肪细胞等）或非间充质系列细胞分化的潜能，并具有独特的细胞因子分泌功能。

诱导多能干细胞（Induced Pluripotent Stem Cell, iPS）：一类通过基因转染等细胞重编程技术人工诱导获得的，具有类似于胚胎干细胞多能性分化潜力的干细胞。

祖细胞（Progenitors）：一类只能向特定细胞系列分化，并且只具备有限的分裂增殖能力的成体细胞。

干细胞制剂（Stem Cell-based Medicinal Products）：是指用于治疗疾病或改善健康状况的、以不同类型干细胞为主要成分、符合相应质量及安全标准，且具有明确生物学效应的细胞制剂。

附录 2:《干细胞临床研究管理办法(试行)》

第一章 总 则

第一条 为规范和促进干细胞临床研究,依照《中华人民共和国药品管理法》《医疗机构管理条例》等法律法规,制定本办法。

第二条 本办法适用于在医疗机构开展的干细胞临床研究。

干细胞临床研究指应用人自体或异体来源的干细胞经体外操作后输入(或植入)人体,用于疾病预防或治疗的临床研究。体外操作包括干细胞在体外的分离、纯化、培养、扩增、诱导分化、冻存及复苏等。

第三条 干细胞临床研究必须遵循科学、规范、公开、符合伦理、充分保护受试者权益的原则。

第四条 开展干细胞临床研究的医疗机构(以下简称机构)是干细胞制剂和临床研究质量管理的责任主体。机构应当对干细胞临床研究项目进行立项审查、登记备案和过程监管,并对干细胞制剂制备和临床研究全过程进行质量管理和风险管控。

第五条 国家卫生计生委与国家食品药品监管总局负责干细胞临床研究政策制定和宏观管理,组织制定和发布干细胞临床研究相关规定、技术指南和规范,协调督导、检查机构干细胞制剂和临床研究管理体制机制建设和风险管控措施,促进干细胞临床研究健康、有序发展;共同组建干细胞临床研究专家委员会和伦理专家委员会,为干细胞临床研究规范管理提供技术支撑和伦理指导。

省级卫生计生行政部门与省级食品药品监管部门负责行政区

域内干细胞临床研究的日常监督管理，对机构干细胞制剂和临床研究质量以及风险管控情况进行检查，发现问题和存在风险时及时督促机构采取有效处理措施；根据工作需要共同组建干细胞临床研究专家委员会和伦理专家委员会。

第六条　机构不得向受试者收取干细胞临床研究相关费用，不得发布或变相发布干细胞临床研究广告。

第二章　机构的条件与职责

第七条　干细胞临床研究机构应当具备以下条件：

（一）三级甲等医院，具有与所开展干细胞临床研究相应的诊疗科目。

（二）依法获得相关专业的药物临床试验机构资格。

（三）具有较强的医疗、教学和科研综合能力，承担干细胞研究领域重大研究项目，且具有来源合法，相对稳定、充分的项目研究经费支持。

（四）具备完整的干细胞质量控制条件、全面的干细胞临床研究质量管理体系和独立的干细胞临床研究质量保证部门；建立干细胞制剂质量受权人制度；具有完整的干细胞制剂制备和临床研究全过程质量管理及风险控制程序和相关文件（含质量管理手册、临床研究工作程序、标准操作规范和试验记录等）；具有干细胞临床研究审计体系，包括具备资质的内审人员和内审、外审制度。

（五）干细胞临床研究项目负责人和制剂质量受权人应当由机构主要负责人正式授权，具有正高级专业技术职称，具有良好的科研信誉。主要研究人员经过药物临床试验质量管理规范（GCP）培训，并获得相应资质。机构应当配置充足的具备资质的人力资源进行相应的干细胞临床研究，制定并实施干细胞临床研究人员培训计划，并对培训效果进行监测。

（六）具有与所开展干细胞临床研究相适应的、由高水平专

家组成的学术委员会和伦理委员会。

（七）具有防范干细胞临床研究风险的管理机制和处理不良反应、不良事件的措施。

第八条　机构学术委员会应当由与开展干细胞临床研究相适应的、具有较高学术水平的机构内外知名专家组成，专业领域应当涵盖临床相关学科、干细胞基础和临床研究、干细胞制备技术、干细胞质量控制、生物医学统计、流行病学等。

机构伦理委员会应当由了解干细胞研究的医学、伦理学、法学、管理学、社会学等专业人员及至少一位非专业的社会人士组成，人员不少于7位，负责对干细胞临床研究项目进行独立伦理审查，确保干细胞临床研究符合伦理规范。

第九条　机构应当建立干细胞临床研究项目立项前学术、伦理审查制度，接受国家和省级干细胞临床研究专家委员会和伦理专家委员会的监督，促进学术、伦理审查的公开、公平、公正。

第十条　机构主要负责人应当对机构干细胞临床研究工作全面负责，建立健全机构对干细胞制剂和临床研究质量管理体制机制；保障干细胞临床研究的人力、物力条件，完善机构内各项规章制度，及时处理临床研究过程中的突发事件。

第十一条　干细胞临床研究项目负责人应当全面负责该项研究工作的运行管理；制定研究方案，并严格执行审查立项后的研究方案，分析撰写研究报告；掌握并执行标准操作规程；详细进行研究记录；及时处理研究中出现的问题，确保各环节符合要求。

第十二条　干细胞制剂质量受权人应当具备医学相关专业背景，具有至少三年从事干细胞制剂（或相关产品）制备和质量管理的实践经验，从事过相关产品过程控制和质量检验工作。质量受权人负责审核干细胞制备批记录，确保每批临床研究用干细胞制剂的生产、检验等均符合相关要求。

第十三条　机构应当建立健全受试者权益保障机制，有效管控风险。研究方案中应当包含有关风险预判和管控措施，机构学术、伦理委员会对研究风险程度进行评估。对风险较高的项目，应当采取有效措施进行重点监管，并通过购买第三方保险，对于发生与研究相关的损害或死亡的受试者承担治疗费用及相应的经济补偿。

第十四条 机构应当根据信息公开原则，按照医学研究登记备案信息系统要求，公开干细胞临床研究机构和项目有关信息，并负责审核登记内容的真实性。

第十五条 开展干细胞临床研究项目前，机构应当将备案材料（见附件 1）由省级卫生计生行政部门会同食品药品监管部门审核后向国家卫生计生委与国家食品药品监管总局备案。

干细胞临床研究项目应当在已备案的机构实施。

第三章 研究的立项与备案

第十六条 干细胞临床研究必须具备充分的科学依据，且预防或治疗疾病的效果优于现有的手段；或用于尚无有效干预措施的疾病，用于威胁生命和严重影响生存质量的疾病，以及重大医疗卫生需求。

第十七条 干细胞临床研究应当符合《药物临床试验质量管理规范》的要求。干细胞制剂符合《干细胞制剂质量控制及临床前研究指导原则（试行）》的要求。

干细胞制剂的制备应当符合《药品生产质量管理规范》（GMP）的基本原则和相关要求，配备具有适当资质的人员、适用的设施设备和完整的质量管理文件，原辅材料、制备过程和质量控制应符合相关要求，最大限度地降低制备过程中的污染、交叉污染，确保持续稳定地制备符合预定用途和质量要求的干细胞制剂。

第十八条 按照机构内干细胞临床研究立项审查程序和相关工作制度，项目负责人须提交有关干细胞临床研究项目备案材料，以及干细胞临床研究项目伦理审查申请表。

第十九条　机构学术委员会应当对申报的干细胞临床研究项目备案材料进行科学性审查。审查重点包括：

（一）开展干细胞临床研究的必要性；

（二）研究方案的科学性；

（三）研究方案的可行性；

（四）主要研究人员资质和干细胞临床研究培训情况；

（五）研究过程中可能存在的风险和防控措施；

（六）干细胞制剂制备过程的质控措施。

第二十条　机构伦理委员会应当按照涉及人的生物医学研究伦理审查办法相关要求，对干细胞临床研究项目进行独立伦理审查。

第二十一条　审查时，机构学术委员会和伦理委员会成员应当签署保密协议及无利益冲突声明，须有三分之二以上法定出席成员同意方为有效。根据评审结果，机构学术委员会出具学术审查意见，机构伦理委员会出具伦理审查批件。

第二十二条　机构学术委员会和伦理委员会审查通过的干细胞临床研究项目，由机构主要负责人审核立项。

第二十三条　干细胞临床研究项目立项后须在我国医学研究登记备案信息系统如实登记相关信息。

第二十四条　机构将以下材料由省级卫生计生行政部门会同食品药品监管部门审核后向国家卫生计生委与国家食品药品监管总局备案：

（一）机构申请备案材料诚信承诺书；

（二）项目立项备案材料；

（三）机构学术委员会审查意见；

（四）机构伦理委员会审查批件；

（五）所需要的其他材料。

第四章　临床研究过程

第二十五条　机构应当监督研究人员严格按照已经审查、备案的研究方案开展研究。

第二十六条　干细胞临床研究人员必须用通俗、清晰、准确的语言告知供者和受试者所参与的干细胞临床研究的目的、意义和内容，预期受益和潜在的风险，并在自愿原则下签署知情同意书，以确保干细胞临床研究符合伦理原则和法律规定。

第二十七条　在临床研究过程中，所有关于干细胞提供者和受试者的入选和检查，以及临床研究各个环节须由操作者及时记录。所有资料的原始记录须做到准确、清晰并有电子备份，保存至临床研究结束后 30 年。

第二十八条　干细胞的来源和获取过程应当符合伦理。对于制备过程中不合格及临床试验剩余的干细胞制剂或捐赠物如供者的胚胎、生殖细胞、骨髓、血液等，必须进行合法、妥善并符合伦理的处理。

第二十九条　对干细胞制剂应当从其获得、体外操作、回输或植入受试者体内，到剩余制剂处置等环节进行追踪记录。干细胞制剂的追踪资料从最后处理之日起必须保存至少 30 年。

第三十条　干细胞临床研究结束后，应当对受试者进行长期随访监测，评价干细胞临床研究的长期安全性和有效性。对随访中发现的问题，应当报告机构学术、伦理委员会，及时组织进行评估鉴定，给予受试者相应的医学处理，并将评估鉴定及处理情况及时报告省级卫生计生行政部门和食品药品监管部门。

第三十一条　在项目执行过程中任何人如发现受试者发生严重不良反应或不良事件、权益受到损害或其他违背伦理的情况，应当及时向机构学术、伦理委员会报告。机构应当根据学术、伦理委员会意见制订项目整改措施并认真解决存在的问题。

第三十二条　在干细胞临床研究过程中，研究人员应当按年度在我国医学研究登记备案信息系统记录研究项目进展信息。

机构自行提前终止临床研究项目，应当向备案部门说明原因和采取的善后措施。

第五章　研究报告制度

第三十三条　机构应当及时将临床研究中出现的严重不良反应、差错或事故及处理措施、整改情况等报告国家和省级卫生计生行政部门和食品药品监管部门。

第三十四条　严重不良事件报告：

（一）如果受试者在干细胞临床研究过程中出现了严重不良事件，如传染性疾病、造成人体功能或器官永久性损伤、威胁生命、死亡，或必须接受医疗抢救的情况，研究人员应当立刻停止临床研究，于24小时之内报告机构学术、伦理委员会，并由机构报告国家和省级卫生计生行政部门和食品药品监管部门。

（二）发生严重不良事件后，研究人员应当及时、妥善对受试者进行相应处理，在处理结束后15日内将后续工作报告机构学术、伦理委员会，由机构报告国家和省级卫生计生行政部门和食品药品监管部门，以说明事件发生的原因和采取的措施。

（三）在调查事故原因时，应当重点从以下几方面进行考察：干细胞制剂的制备和质量控制，干细胞提供者的筛查记录、测试结果，以及任何违背操作规范的事件等。

第三十五条　差错报告：

（一）如果在操作过程中出现了违背操作规程的事件，事件可能与疾病传播或潜在性的传播有关，或可能导致干细胞制剂的污染时，研究人员必须在事件发生后立即报告机构学术、伦理委员会，并由机构报告国家和省级卫生计生行政部门和食品药品监管部门。

（二）报告内容必须包括：对本事件的描述，与本事件相关的信息和干细胞制剂的制备流程，已经采取和将要采取的针对本事件的处理措施。

第三十六条　研究进度报告：

（一）凡经备案的干细胞临床研究项目，应当按年度向机构学术、伦理委员会提交进展报告，经机构审核后报国家和省级卫生计生行政部门和食品药品监管部门。

（二）报告内容应当包括阶段工作小结、已经完成的病例数、正在进行的病例数和不良反应或不良事件发生情况等。

第三十七条　研究结果报告：

（一）各阶段干细胞临床研究结束后，研究人员须将研究结果进行统计分析、归纳总结、书写研究报告，经机构学术、伦理委员会审查，机构主要负责人审核后报告国家和省级卫生计生行政部门和食品药品监管部门。

（二）研究结果报告应当包括以下内容：

1. 研究题目；

2. 研究人员名单；

3. 研究报告摘要；

4. 研究方法与步骤；

5. 研究结果；

6. 病例统计报告；

7. 失败病例的讨论；

8. 研究结论；

9. 下一步工作计划。

第六章　专家委员会职责

第三十八条　国家干细胞临床研究专家委员会职责：按照我国卫生事业发展要求，对国内外干细胞研究及成果转化情况进行调查研究，提出干细胞临床研究的重点领域及监管的政策建议；根据我国医疗机构干细胞临床研究基础，制订相关技术指南、标准、以及干细胞临床研究质量控制规范等；在摸底调研基础上有针对性地进行机构评估、现场核查，对已备案的干细胞临床研究机构和项目进行检查。

国家干细胞临床研究伦理专家委员会职责：主要针对干细

胞临床研究中伦理问题进行研究，提出政策法规和制度建设的意见；根据监管工作需要对已备案的干细胞临床研究项目进行审评和检查，对机构伦理委员会审查工作进行检查，提出改进意见；接受省级伦理专家委员会和机构伦理委员会的咨询并进行工作指导；组织伦理培训等。

第三十九条　省级干细胞临床研究专家委员会职责：按照省级卫生计生行政部门和食品药品监管部门对干细胞临床研究日常监管需要，及时了解本地区干细胞临床研究发展状况和存在问题，提出政策建议，提供技术支撑；根据监管工作需要对机构已备案的干细胞临床研究项目进行审查和检查。

省级干细胞临床研究伦理专家委员会职责：主要针对行政区域内干细胞临床研究中的伦理问题进行研究；推动行政区域内干细胞临床研究伦理审查规范化；并根据监管工作需要对行政区域内机构伦理委员会工作进行检查，提出改进意见；接受行政区域内机构伦理委员会的咨询并提供工作指导；对从事干细胞临床研究伦理审查工作的人员进行培训。

第四十条　国家和省级干细胞临床研究专家委员会和伦理专家委员会应当对机构学术、伦理审查情况进行监督检查。

学术方面的检查主要包括以下内容：

（一）机构的执业许可、概况、相应专业科室的药物临床试验机构资格及卫生技术人员和相关技术能力与设施情况。

（二）机构学术委员会组成、标准操作规范。

（三）承担国家级干细胞相关研究情况。

（四）对以下内容的审查情况：

1. 干细胞临床研究负责人、主要临床研究人员的情况，参加干细胞临床试验技术和相关法规培训的情况等；

2. 研究方案的科学性、可行性；

3. 防范干细胞临床研究风险的管理机制和处理不良反应事件的措施；

4. 干细胞临床研究管理制度和标准操作规程的制定；

5. 按照《干细胞制剂质量控制及临床前研究指导原则（试行）》的要求对干细胞制剂的质量管理、评价标准和相应的设备设施管理情况。

（五）学术审查程序是否合理。

（六）有无利益冲突。

（七）其他有关事宜。

伦理方面的检查主要包括以下内容：

（一）机构伦理委员会组成、标准操作规范；

（二）研究项目伦理审查过程和记录，包括风险/受益评估及对策等；

（三）对知情同意书的讨论和批准的样本；

（四）伦理审查程序的合理性；

（五）有无利益冲突；

（六）其他有关事宜。

第四十一条　省级干细胞临床研究专家委员会和伦理专家委员会应当对行政区域内机构开展的干细胞临床研究项目建立从立项审查、备案到过程管理、报告审议等全过程督导、检查制度。

第四十二条　省级干细胞临床研究专家委员会和伦理专家委员会应当对机构提交的严重不良事件报告、差错或事故报告和处理措施等及时分析，提供咨询意见，对机构整改情况进行审评；重大问题的整改情况可提请国家干细胞临床研究专家委员会和伦理专家委员会进行审评。

第四十三条　国家和省级干细胞临床研究专家委员会和伦理专家委员会应当对已备案的干细胞临床研究项目进行定期评估、专项评估等，并对国家和省级卫生计生行政部门和食品药品监管部门所开展的专项检查、随机抽查、有因检查等提供技术支撑。

第七章　监督管理

第四十四条　省级卫生计生行政部门和食品药品监管部门应

当对医疗机构所开展的干细胞临床研究项目进行定期监督检查、随机抽查、有因检查等，对监督检查中发现的问题及时提出处理意见。

第四十五条　省级卫生计生行政部门会同食品药品监管部门应当于每年 3 月 31 日前向国家卫生计生委和国家食品药品监管总局报送年度干细胞临床研究监督管理工作报告。

第四十六条　国家或省级干细胞临床研究专家委员会对已备案的机构和项目进行现场核查和评估，并将评估结果公示。

第四十七条　国家卫生计生委和国家食品药品监管总局根据需要，对已备案的干细胞临床研究机构和项目进行抽查、专项检查或有因检查，必要时对机构的干细胞制剂进行抽样检定。

第四十八条　机构对检查中发现的问题须进行认真整改，并形成整改报告于检查后 3 个月内报送检查部门。

第四十九条　机构中干细胞临床研究有以下情形之一的，省级卫生计生行政部门和食品药品监管部门将责令其暂停干细胞临床研究项目、限期整改，并依法给予相应处理。

（一）机构干细胞临床研究质量管理体系不符合要求；

（二）项目负责人和质量受权人不能有效履行其职责；

（三）未履行网络登记备案或纸质材料备案；

（四）不及时报告发生的严重不良反应或不良事件、差错或事故等；

（五）擅自更改临床研究方案；

（六）不及时报送研究进展及结果；

（七）对随访中发现的问题未及时组织评估、鉴定，并给予相应的医学处理；

（八）其他违反相关规定的行为。

第五十条　机构管理工作中发生下列行为之一的，国家卫生计生委和国家食品药品监管总局将责令其停止干细胞临床研究工作，给予通报批评，进行科研不端行为记录，情节严重者按照有关法律法规要求，依法处理。

（一）整改不合格；

（二）违反科研诚信和伦理原则；

（三）损害供者或受试者权益；

（四）向受试者收取研究相关费用；

（五）非法进行干细胞治疗的广告宣传等商业运作；

（六）其他严重违反相关规定的行为。

第五十一条　按照本办法完成的干细胞临床研究，不得直接进入临床应用。

第五十二条　未经干细胞临床研究备案擅自开展干细胞临床研究，以及违反规定直接进入临床应用的机构和人员，按《中华人民共和国药品管理法》和《医疗机构管理条例》等法律法规处理。

第八章　附　则

第五十三条　本办法不适用于已有规定的、未经体外处理的造血干细胞移植，以及按药品申报的干细胞临床试验。依据本办法开展干细胞临床研究后，如申请药品注册临床试验，可将已获得的临床研究结果作为技术性申报资料提交并用于药品评价。

第五十四条　本办法由国家卫生计生委和国家食品药品监管总局负责解释。

第五十五条　本办法自发布之日起施行。同时，干细胞治疗相关技术不再按照第三类医疗技术管理。

（2015 年 8 月颁布并实施）